金新 著

老祖宗说饮食

浙江古籍出版社

前言

　　夏天晚饭后，院子里，星空下，听爷爷摇着扇子讲过去的故事。蝉鸣声声，偶尔有蚊子叮咬两口，黑夜中，凉风吹来，也吹来那些陌生又熟悉的事情。陌生是因为我们从未经历过，熟悉是因为来自我们老去的或者逝去了很久很久的亲人。"天阶夜色凉如水，坐看牵牛织女星。"小时候我们用聆听爷爷辈的故事，仰望辽阔的星空，打发用不完的精力和无处释放的想象力。我们就在那一刻穿越时空，接触到了过去，体验着当下，又对未来无限向往。

　　每个人心里都有一块童年圣地，它供人们在那里安静地倾听，自由地想象。而编写这套"老祖宗说"也正是起源于这样的情怀。也许你是一个人倾听，也许是兄弟姐妹围坐在一起倾听，我希望亲爱的读者，你，在听爷爷讲故事的心境和氛围里来倾听我们共同的"老祖宗"，给你讲讲中国先人的那些事。也许首先你会觉得新鲜，然后觉得似曾相识，甚或发现我们的内心，找到自己依傍的信念、灵魂中回响着的祖先的声音。

　　为此，编者特请了六位对传统文化有深入了解的作者，从中国传统文化中挑选了六道大菜呈上，让"老祖宗"来说说中国古代的节令、饮食、游艺、礼仪、汉字和书法。"老祖宗"将借助历代典籍、诗歌、书画、文物等讲述我们先人的生活，也会提及那些"旧东西"在今天的变体。

　　万事都有自己的根源，不可能凭空而生。"老祖宗说"这套书，就是想带你追索我们共同的民族记忆，顺着凭我们自己难以寻觅的瓜藤，去摸一摸那只"古老的瓜"。那么，就搬来椅子、板凳甚至席地而坐，一起来听听"老祖宗"说了些什么吧！

序

饮食主要有两种不同层次的境界：果腹与养生。

"果腹"一词意为"填饱肚子"，最早大约可见于《庄子·逍遥游》："适莽苍者，三餐而反，腹犹果然；适百里者，宿舂粮；适千里者，三月聚粮。"说的是："到郊野去的人，带上三餐就可以往返，肚子还是饱饱的；到百里之外去的人，头天晚上就捣米储积干粮；到千里远处去的人，三个月以前就要储积干粮。"

庄周真是个哲人，有超越常人思维的远谋。

"养生"一语意乃"摄养身心使长寿"，最早大抵可见于《庄子·养生主》："文惠君曰：'善哉，吾闻庖丁之言，得养生焉。'"讲的是："文惠君说：'妙啊，我听了厨师这一番话，从中得到养生的道理了。'"而这道理即为"因其自然"与"依乎天理"。

《庄子》约成书于先秦时期。《汉书·艺文志》著录52篇，今本33篇，其中"内篇"7，"外篇"15，"杂篇"11。有趣的是，"果腹"（其实是"腹果"）与"养生"均出于"内篇"。这绝非偶然。

此类高瞻远瞩无独有偶。

想起了刘安，其《淮南子》有语："见一落叶，而知岁之将暮；睹瓶中之冰，而知天下之寒，以近论远。"淮南王肯定是一个得道者，竟然能够预料到"一叶"可能存在人为的因素，而难以"知秋"，于是在"唯物"与"辩证"还没有诞生的理论"洪荒"时代，就在同一部书中为"一叶知秋"匹配了一个"一叶障目"的反向姊妹细节类语境：得到了螳螂捕蝉时遮蔽自己的树叶，可以用来隐身。

庄子的智慧大概在于悟到，"饮食"一定会上升到"文化"的境界，而前提是人们感性的物质层面的"果腹"需要必须升华至理性的精神层次的"养生"需求。这客观上实在是一个不以人的意志为转移的逻辑必然。

中国"饮食"的"文化"过程，通俗地分析，就是由无菜系而"四大菜系"而"八大菜系"，由"点心"之"点点心意"而北方之"官礼茶食"与南方之"嘉湖细点"……

"饥寒起盗心"与"饱暖思淫欲"是一个硬币的两面，"果腹"与"养生"同样是一个硬币的两面。所不同的是，前者着眼于人的劣根性，后者着眼于人的创造性。

"文化"系"创造"的结晶，其意义上的"饮食"涉及菜系特点、食材选用、餐具艺术、餐桌礼仪、名菜起源、菜肴做法、调味讲究等，在历史的经线与纬线之纵横交错下，小而言之由抽象而具体，可谓星罗棋布抑或汪洋大海。"饮食文化"的概念颇宽泛。

"饮食"理当重视民族性，并从生活的深层科学追寻"文化"的"根"，在"义理、考据、辞章"方面下功夫，但那是考古学者或历史学家的事。

本书不是介绍食谱，不是教授烹饪，不是解析营养，而是欲让读者诸君在文史哲渗透，换言之，知识性、趣味性、文学性、思想性的交融中闲读可以阅读的"美味"，入"文化"的缸里腌一腌或酱一酱，进而"一瓢饮"而知中华"饮食文化"之大略。

是为序。

金 新

2016年3月26日凌晨于寒舍苦口斋

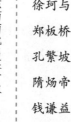

目录

第一章 名菜

东西南北名菜千秋

第二章 食材

七滋八味食材为先

走进中华传统文化
畅享华夏文明之旅

第一章 名菜

东西南北名菜千秋

八大菜系

红烧果子狸　护国菜　叫花子鸡

神仙鸭子　东坡肉

佛跳墙　狮子头

潍坊朝天锅

剁椒鱼头

怀胎鲜鱼

五柳鱼

宋嫂鱼羹

珍珠翡翠白玉汤

"菜系"，又称"帮菜"，是指经长期渐变而在选料、切配、烹饪等技艺方面自成体系，具有鲜明的地方风味特色，并为社会所公认的中国饮食的菜肴流派。

徐珂 与"八大菜系"

徐珂（1869—1928），原名昌，字仲可，浙江杭县（今杭州）人，光绪十五年（1889）举人。其编著广搜博采之巨制《清稗类钞》，与曾任商务印书馆、《外交报》及《东方杂志》编辑的经历有关。要组好稿，就不得不与名流深交；要编好稿，就不得不与文字神交。久而久之，他形成了好客与勤写的处世特点。

于是，张元济、蔡元培、康有为、胡适、梁启超、况周颐、潘德畲、冒广生等人皆成了他家的座上宾。宋人陈郁《藏一话腴》里说到姜夔留下了这样的名言："白石道人姜尧章，气貌若不胜衣，而笔力足以扛百斛之鼎。家无立锥，而一饭

未尝无食客。图史翰墨之藏，充栋汗牛。"徐珂尝不无自豪地引"家无立锥，而一饭未尝无食客"来旁证，道出了自己"美食家"的隐性头衔。

据老商务同人私下闲聊，"徐仲可身材矮小，极度近视，看书写字必须戴着眼镜与实物接触在一起，才能看见"。这样一个其貌不扬者竟然颇有艳福："原配朱蓉笙为杭州著名书画家朱研臣之女，继妻何墨君为清末湖州归安县丞廉吏何梧堂之女，除此之外尚有旁妻李希。"说是郎才女貌固然不错，讲自古红颜爱美食似乎亦对。

于是，美食之余，心怀"君（夏剑丞）不尝云，清人少笔记"而"仆欲一雪此耻耳"的鸿鹄之志，他在《清稗类钞》这一清代掌故遗闻汇编的92类中专设了"饮食类"。

《清稗类钞·饮食类》记述了清末饮食状况："食品之有专嗜者，食性不同，由于习尚也。兹举其尤，则北人嗜葱蒜，滇、黔、湘、蜀人嗜辛辣品，粤人嗜淡食，苏人嗜糖。即以浙江言之，宁波嗜腥味，皆海鲜。绍兴嗜有恶臭之物，必俟其霉烂发酵而后食也。"不仅如此，还分析了各地的"菜系"特色："苏州人之饮食——尤喜食多脂肪品，乡人亦然。至其烹调之法，概皆五味调和，惟多用糖，又喜加五香。""闽粤人之饮食——食品多海味，餐时必佐以汤，粤人又好啖生物，不求火候之深也。""湘鄂人之饮食——喜辛辣品，虽食前方丈，珍错满前，无椒芥不下箸也，汤则多有之。""北人食葱蒜，亦以北产为胜……"这尽管难以勾勒出中国"八大菜系"之概貌，但基本可以看出鲁菜（山东）、苏菜（江苏）、粤菜（广东）、川菜（四川）、浙菜（浙江）、闽菜（福建）、湘菜（湖南）、徽菜（安徽）之特色。

其实，有关饮食文化的知识，在中国文化的广袤空间可谓星罗棋布，不胜枚举。比如周公《周礼》："食医，掌和王之六食、六饮、六膳、百羞、百酱、八珍之齐。"西晋张华《博物志》："东南之人食水产，西北之人食陆畜。

食水产者，龟蚌螺蛤以为珍味，不觉其腥也；食陆畜者，狸兔鼠雀以为珍味，不觉其膻也。"北宋沈括《梦溪笔谈》："大抵南人嗜咸，北人嗜甘。鱼蟹加糖蜜，盖便于北俗也。"真知灼见，不一而足。

"菜系"，又称"帮菜"，是指经长期渐变而在选料、切配、烹饪等技艺方面自成体系，具有鲜明的地方风味特色，并为社会所公认的中国饮食的菜肴流派。早在春秋战国时期，饮食文化中的南北菜肴风味就表现出诸多差异；到唐宋，南食、北食各自形成体系；至清初，鲁菜、苏菜、粤菜、川菜被称作"四大菜系"；达民国，浙菜、闽菜、湘菜、徽菜四大后起之菜系形成。这如锦上添花，共同构成汉民族饮食的"八大菜系"。

除"八大菜系"外，还有一些在中国较有影响而未成"菜系"的特色名菜。比如，东北菜、沪菜、赣菜、鄂菜、京菜、津菜、冀菜、豫菜、客家菜、清真菜（分类标准不一）……

饮食作为文化，是一个动态的概念。随着饮食业的进一步发展，必然会"与时俱进"。这样，以后再增京菜、鄂菜（有人以为是沪菜），便有"十大菜系"之说。纵然"菜系"繁衍发展，可人们还是习惯以"四大菜系"或"八大菜系"来代表我国多达数万种的各地风味菜。

称徐珂乃"菜系"之集大成者，委实有些言重，但讲他因为一生跨越晚清与民国两个时代，适逢地方风味由老"四大菜系"成熟、新"四大菜系"成形的时机，"天时"再加上编辑工作的习惯派生之"好客"与"勤写"使然，那倒是恰如其分的。

《汉书·艺文志》颜师古注引曹魏陈郡丞冯翊如淳语："细米为稗，街谈巷说，其细碎之言也。王者欲知闾巷风俗，故立稗官使称说之。"稗官所记便是"稗史"。随着稗官之职的撤销，出现了私人所撰写的记载逸闻琐事、里巷风俗之作，也被视为"稗史"。清代章学诚《史籍考》中列有"稗史"类，潘永因编有《宋稗类钞》。徐珂《清稗类钞》如自序中所云为续作："金沙潘长吉有《宋稗类钞》之辑，盖参仿（南朝）宋刘义庆《世说新语》、明何良俊《语林》而作……且以当世名硕之好稗官家言也，欲就而与之商榷，辄笔之于册，以备遗忘，积久盈箧，乃参仿《宋稗类钞》之例，辑为是编，而名之曰《清稗类钞》。"

稗史可补正史之不足，《清稗类钞》对研究清代历史的学者有重要参考价值，对普通读者尤其是老饕而言亦具备相当的阅读价值。这一体裁，古代也叫笔记，徐珂"清人少笔记"而"仆欲一雪此耻耳"就此而言。

窃以为，清代并不"少笔记"，单是《筠廊偶笔》《今世说》《虞初新志》《坚瓠集》《在园杂志》《履园丛话》《归田琐记》《浪迹丛谈》《茶余客话》等20种有清一代极富文学价值与史料价值的笔记即为明证！

一个"菜系"的形成受到这个地区的自然地理、气候条件、资源特产、饮食习惯等影响，有人把"八大菜系"拟人化："鲁菜犹如君临天下、一统江山的北方帝王，苏（淮扬菜）、浙和徽菜好比清秀素丽、君子好逑的江南美女，粤、闽菜宛若风流倜傥、玉树临风的公子，川、湘菜就像气度狂放、傲骨铮铮的名士。"

"八大菜系"各自的特点

鲁菜	味浓厚、嗜葱蒜；
川菜	味多、味广、味厚、味浓；
粤菜	爽、淡、脆、鲜；
淮扬菜	苏菜之佼佼者，重视调汤，保持原汁；
浙菜	鲜嫩软滑、香醇绵糯、清爽不腻；
闽菜	注重甜酸咸香、色美味鲜；
湘菜	注重香辣、麻辣、酸辣、焦麻、香鲜；
徽菜	以火腿佐味，冰糖提鲜。

不过，这样的特点仅仅相对而言。例如"淮扬菜"由南京、徐海、淮扬和苏南4种风味组成，系宫廷第二大菜系。之所以颇多饮食界人士常以"淮扬菜"替代"苏菜"作上级菜肴概念，是因为时下国宴以"淮扬菜系"为主，名气更大。又如，"徐海"风味以徐州菜为代表而流行于徐海和河南地区，虽为"苏菜"，却与"鲁菜"里的"孔府"风味相近。社会绝非静止，事物便很难孤立。南宋时候，北人南迁者众，北方许多烹调高手随着都城南迁而来到临安（今浙江杭州），据宋人袁褧《枫窗小牍》卷下记录："旧京工伎，固多奇妙，即烹煮盘案，亦复擅名，如王楼梅花包子、曹婆肉饼、薛家羊饭、梅家鹅鸭、曹家从食、徐家瓠羹、郑家油饼、王家乳酪、段家熝物、不逢巴子南食之类，皆声称于时。"南北饮食文化的大融合在使得当时杭州的饮食业达到一个相对历史高峰的同时，汴京与杭州的两种不同的"菜系"亦会逐渐"你中有我，我中有你"，客居苏堤的东京厨娘宋五嫂受到太上皇称赞的"宋嫂鱼羹"就是含有北方口味的南方菜。

▲ 宋嫂鱼羹

　　"饮食"既为"文化"，哲理必然渗透。宇宙间的每一个具体事物都因特质而同其他事物区别开来。这是黄樟而不是猴樟，这是金桂而不是银桂，如此等等；这是"鲁菜"而不是"川菜"，这是"浙菜"而不是"闽菜"，如此等等。可见非此即彼是成立的。可是，我们还应该认识到世界是一张普遍联系之网，每一个具体事物都同若干个具体事物相联系并确定自己的多重性质。李瑞环《学哲学用哲学》中有一段饶有深意的话："一块木头是什么？就是一块木头，这个回答并没有错，但它还是什么？这就要看具体情况。拿它来做家具就是原料，拿它来烧火就是燃料，拿它来挑水就是工具，拿它来和坏人斗争就是武器，拿它来行凶打劫就是凶器，拿到法庭就是证据，但还是那块木头。这就是质的多样性。"一条鱼只是食材，具体环境下会千变万化而又不离其宗。可见亦此亦彼也是成立的。

然而，这并不是什么"骑墙"，而是视野的"制高点"不同。站在特定联系的视点，非此即彼；立于普遍联系的视角，亦此亦彼。

值得一提的是，在饮食文化领域，"亦此亦彼"的能量远远小于"非此即彼"。

毕业于上海南洋公学后历任《申报》经理秘书、行政院驻北平政务整理委员会参议的赵尊岳听说徐珂经常"梦里北味"，特意趁其一次赴京的机会尽地主之谊，为他摆了一桌地道的北方风味的酒席，席上有章丘的大葱、北京信远斋的红果、南苑的玉米糁，还有北京市面上的香片佳茗，酒足饭饱，徐珂大感满意，以为有如当年欧阳修"顾瞻玉堂，如在天上"一般的感觉。

"莼鲈之思"是思第一故乡，"梦里北味"是思第二故乡："徐珂虽是杭州人，可他人生的黄金岁月是在北京度过的，做过内阁中书的官。戊戌变法之后南归，此后就在沪上谋生。他说自别都门，'旅食于沪，厌南烹，梦北味'，做梦都想着吃到北京吃过的佳肴。"这全是饮食文化"非此即彼"在起作用。

徐珂对地方美味味觉极其灵敏，于"菜系"的感悟堪称天下独步！

▲ 宋·刘寀《落花游鱼图》局部

在饮食界一提起鲁菜系，人们立即会想到『朝天锅』；一提到『朝天锅』，人们马上就会想起郑板桥。『潍坊朝天锅』业已幻化作一曲民本思想的无字颂歌。

郑板桥 与 "潍坊朝天锅"

人称"扬州八怪"之一的郑板桥曾在潍县（今山东潍坊）当官七载，明镜高悬之余与画朝夕相伴当在情理之中，孰料这位而立之年即弃馆至扬州卖画为生的山东潍县县令硬是捣鼓出一道鲁菜"潍坊朝天锅"来。

乾隆十一年（1746），已过知天命之年的郑板桥自范县调署潍县。时值山东大饥，人相食。是年腊月，他开仓赈灾的同时微服私访了解民情，见市集的百姓有的在凛冽寒风中啃冷窝窝头，有的在墙角旮旯吃冷煎饼，不禁老泪纵横，即令手下人当街支锅煮肉送汤，解决赶集的穷汉吃冷饭的问题。锅里一般放有整鸡和猪肠、猪肚等"下水"，吃时众人围锅而坐，掌锅师傅舀上热汤，加点香菜末和酱油等佐料，大家喝汤吃自带的凉干粮。由于露天设摊而锅顶又无任何遮盖，人们就叫它"朝天锅"。

今天的"潍坊朝天锅"已不再是市集冷风中的那种吃法，而是宾馆饭店里的高档鲁系菜肴——

用鸡肉、驴肉煨汤，以煮全猪为主，有猪头、肝、肺、心、肚、肠，再配以甜面酱、醋、酱油、疙瘩咸菜条与胡椒粉、葱、姜、八角、桂皮、盐、香油，香菜、青萝卜条等10多种调料和冷菜。食客坐在一张特制的餐桌周围，桌中央有一口直径50厘米、深65厘米的大锅，锅口与桌面齐平，锅底有特制燃料。圆桌有一缺口，服务员在缺口处，根据客人的要求将锅内的肉舀出并配以薄饼供慢慢品尝。

在饮食界一提起鲁菜系，人们立即会想到"朝天锅"；一提到"朝天锅"，人们马上就会想起郑板桥。今天成为"中华名小吃"的"潍坊朝天锅"，业已幻化作一曲民本思想的无字颂歌。

◀ 朝天锅

郑板桥初知潍县作过一幅名为《潍县署中画竹呈年伯包大中丞括》的画，题画诗云："衙斋卧听萧萧竹，疑是民间疾苦声。些小吾曹州县吏，一枝一叶总关情。"

这首赠给包括的诗，前两句托物取喻。第一句写在衙署书房里躺卧休息，窗外阵阵清风吹动着竹子，萧萧丛竹，声音呜咽，给人一种十分悲凉凄寒之感；第二句由自然界的风竹之声而想到了穷人的疾苦，好像是他们在饥寒交迫中挣扎的抽泣之声，体现了身在官衙心系江湖的情怀。后两句畅述胸怀。第三句既是写自己，又是写包括，说明为民解忧的应该是所有的为官者，从而拓宽了诗歌的内涵；第四句既照应了墨竹图和题画诗，又寄予了深厚的情感，老百姓的点点滴滴都与"父母官"们紧紧联系在一起。这画中的竹子不再是自然竹子的"再现"，这诗题也不再是无感而发的诗题，透过画和诗，使人们联想到板桥的人品与官品。

乾隆十八年（1753），郑板桥61岁，以为民请赈忤大吏而去官："燮开仓赈济，或阻之，燮曰：'此何时，若辗转申报，民岂得活乎？上有谴，我任之。'即发谷与民，活万余人。去任之日，父老沿途送之。"通今博古的一代文豪执意"吃亏是福""难得糊涂"，并注之曰："聪明难，糊涂难，由聪明而入糊涂更难。"为政者得罪利益巨室难有好的下场，板桥一反积习而独行其是，最后不惜扔掉常人趋之若鹜的乌纱。

"俯首甘为孺子牛"的另一面，必定是"横眉冷对千夫指"。

山东民间有一"郑板桥巧骂豪绅"的传说："有一次，一个荒年不肯开仓放粮的豪绅求郑燮题写门匾。华夏民宅建筑中的一个传统文化现象就是对院门的门匾非常重视，因为门匾不仅是装饰，更是文明之光，蕴藏着天水极其深厚的文化内涵。于是，郑燮决定戏弄一下这家伙，让他倒倒霉，便'铁肩担道义，妙手著文章'起来，大笔一挥写就'雅闻起敬'四字。油漆门匾时，郑燮叮嘱漆匠对

▲ 郑板桥题字

'雅''起''敬'三字只漆左半边，对'闻'字只漆六书形声的外声者。过了一段时间，豪绅院门的门匾上字没上漆的部分渐渐模糊不清了，而上漆的部位则愈发清晰。远远一看，原来的'雅闻起敬'竟成了'牙门走苟'（'牙'与'苟'分别谐音'衙'与'狗'）。"

"潍坊朝天锅"实在是郑板桥用乌纱帽换来，那是毫无疑问的。

新华网曾转载凤凰网《郑板桥曾命富人开库赈灾被贬官回家》一文，其中提到："那个时期是王原祁、唐岱执掌的'如意馆'画家的天下，'扬州八怪'金农、李鳝等这些画家被看作是另类，主流画家、主流藏家都看不起和他们来往。所以，现实中的很多因素造就了郑板桥济贫仇富。也正是因为他对富人充满着偏见，导致他在宦途上的失败。"

一家之言而已。

窃以为，说郑板桥有"偏见"者本身具有显而易见的偏见。

仇富心理眼下是个时髦短语。倘若社会层面存在某种"仇富"心理，那么，应该说绝大多数人并不是仇视一切富者，而只是对于那些"为富不仁"者的道德义愤。如果郑板桥属于绝少数人，那么，持见者乃十足的"只见树木，不见森林"。

目下品尝"潍坊朝天锅"的饕餮在享用之余耳畔还会响起郑板桥"吟诗退贼"的起承转合声吗？

这是一个民意大于真实细节的感人故事——

"郑板桥辞官亦或被罢官回家，一肩明月，两袖清风，惟携黄狗一条，兰花一盆。一夜，天冷，月黑，风大，雨密，板桥辗转难眠，适有小偷不知'人不寐'而光顾。他想：如高声呼喊，万一小偷动粗，自己手无缚鸡之力，无法对付；可索性佯装熟睡，任人拿取，又太不甘心。略一思考，翻身朝里，低声吟道：'细雨蒙蒙夜沉沉，梁上君子进我门。'此时，小偷已近床

▲ 清·郑板桥《兰竹图》

边，正闻声暗惊，继而听见叹息：'腹内诗书存千卷，床头金银无半文。'小偷心想：不偷也罢。转身出门，里面传来谆谆告诫：'出门休惊黄尾犬。'小偷窃喜：既有看门狗，何不逾墙而出。刚欲上墙，竟然再次听到提醒：'越墙莫损兰花盆。'小偷一看，墙头果有兰花在焉，遂细心避开，足方着地，屋里传出友好道别：'天寒不及披衣送，趁着月黑赶豪门。'"

有道是："一任清知县，十万雪花银。"针对趣闻，人们一定会对肮脏封建官场内这一心清如水的"另类"唏嘘不已。

想来，那个走错门的"三只手"倘若知道屋主是在理论上发明"潍坊朝天锅"且"敢为苍生说人话"的板桥先生，他是绝对不会"光临'寒舍'"而落得个两手空空的。

14

"清蒸鸭子三炷香，神仙吃肉又喝汤。"这"神仙鸭子"因寓意深刻传至孔府，以致与煨海参、酥锅、海藻丸子一并成为孔府宴"四大件文化"。

 与"神仙鸭子"

孔府有一道被称为"神仙鸭子"的传统名菜，始创于孔子74代孙孔繁坡。

相传，孔繁坡特别喜欢吃鸭子，家厨就千方百计地变换烹饪技法。任山西同州知州时，一次，他久病不起而食欲不振、日渐消瘦，家人遍寻民间烹饪高手，觅得一声称有"生蒸全鸭惊四座"绝技的鸭贩子。他把带来的母雏鸭宰杀并出骨，经水焯、腌渍、煮煨，装碗上汤加盖入笼用燃香计时蒸制，出笼后鸭子肉质酥烂，香气浓郁，让孔知州垂涎欲滴道："此乃神仙赐来之气，馋死我也！"食罢更加赞赏，遂命名"神仙鸭子"。此菜因寓意深刻传至孔府，

▲ 孔知州闻鸭

以致与煨海参、酥锅、海藻丸子一并成为孔府宴"四大件文化"。

是故，说它是鲁菜，似乎过于笼统。济南菜和胶东菜历来为鲁菜的两大支柱，近年来"好客山东"又吸引了孔府菜，使之成为鲁菜的重要组成部分。

确切地讲，孔府菜乃汉族各地方饮食文化的"什锦大拼盘"，起源于宋仁宗宝元年间（1038—1040），用于接待贵宾、上任、生辰家日、婚丧喜寿的特备。

孔府菜的命名极为讲究，寓意深远。有的沿用传统名称，如"烧安南子""烤牌子""炸菊花虾""糖醋凤脔"；有的取名古朴典雅，如"一卵孵双凤""诗礼银杏""阳关三叠""黄鹂迎春"；有的因人因事而名，如"白松鸡""御笔猴头""金钩银条""带子上朝""玉带虾仁"；有的赞颂家世或表示吉祥，如"一品锅""一品寿桃""一品豆腐""福禄寿喜""万寿无疆""吉祥如意""合家平安""连年有余"。当然，孔府中也有一些野菜可入肴，如荠菜、山芋、珍珠笋（刚结粒尚未充浆的玉米穗）、龙爪笋（高粱根部的嫩须根叉芽）等都制成美味入宴，且其名字也很光鲜。

不仅命名，而且制作很是讲究，如"神仙鸭子"一菜。

据说，一次山东巡抚拜访孔府，点名要吃"神仙鸭子"，厨师们为了掌握烹调火候，不光点香，还漏壶滴水，以精确计算时间。

我国发明的漏壶比国外制作的滴水计时器要早很多。《周礼》记载，西周时已有专门掌管漏壶计时的官员——挈壶氏，这说明至迟在距今3000年的时候，我国已正式使用漏壶计时了。这种历代计时的重要工具到了明朝，由于钟表逐渐普及应用才日益减少，可是在皇宫里还可看到它的踪迹，如清乾隆时所制的漏壶，不是用来计时，而是宫廷陈设而已。烹制一只"神仙鸭子"，点香计时不算，竟然要漏壶

▲ 漏壶

计时以"双料货"，给这味菜抹上了庄重而神秘的文化色彩。

据说，后来孔繁坡用一句口头禅来赞誉："清蒸鸭子三炷香，神仙吃肉又喝汤。"可有好事者以为不切实际，当改为："清蒸鸭子神仙尝，刻漏计时还烧香。"

孔府菜是中国著名的官府菜，在我国的饮食文化中享有崇高的声誉。

遗憾的是，孔子生不逢时！

北大李零教授的《丧家狗——我读〈论语〉》一书认为：孔子活着的时候不是圣，只是人，一个出身卑贱，却以古代贵族（真君子）为立身标准的人；一个好古敏求，学而不厌、诲人不倦，传递古代文化，教人阅读经典的人；一个有道德学问，却无权无势，敢于批评当世权贵的人；一个四处游说，替统治者操心，拼命劝他们改邪归正的人；一个古道热肠，梦想恢复周公之治、安定天下百姓的人。他很惶恐，也很无奈，唇焦口燥，颠沛流离，像条无家可归的流浪狗。孔子死了以后，历代帝王褒封的孔子，不是真孔子，只是"人造孔子"。

传统文化热、孔子热寄托了中国人的民族感情，这毫无疑问属于"正能量"，但孔子活着的时候绝不可能有"孔府"，绝不可能有孔府菜或曰孔府家宴。那时孔子不要说吃不上孔府菜里的孔府筵席菜，连孔府家常菜也可望而不可即。

颜回是孔子的弟子，在封建时代被人称为"复圣"，孔子称赞他说："一箪食，一瓢饮，在陋巷。人不堪其忧，回也不改其乐。贤哉！回也。"物以类聚，人以群分，颜回的老师孔子能吃上类似于之后的之后的之后的

▲ 孔子

孔府菜"神仙鸭子"吗？

　　孔府是我国历史已久的贵族世家，孔府菜就是孔府在2000多年的锦衣玉食生活中形成的。但孔子对饮食特别讲究的所谓"食不厌精，脍不厌细"则有特定的历史语境意义："孔子的一生，仅有三年做官，晚年受到了一些礼遇，而从总的来说，他的一生仍是一个'布衣'，一个虽不'贱'却比较'贫'的人。所以就孔子的政治地位和饮食生活当属'国人'，其大部分时间的饮食只能果腹而已。孔子生活的年代，在中国饮食文化发展中虽然占有很重要的地位，堪称饮食文化的奠基期，但就其烹调工具、方法、食品结构、饮食习惯和风格来看，还是低级和粗糙的。不难看出'食不厌精，脍不厌细'的真正涵义，主要是指在做祭祀用的饮食时，应选用上好的原料，加工时要尽可能精细，这样才能达到尽'仁'尽'礼'的意愿。可见，孔子的饮食思想是与祭祀相联系的，是建立在'礼''仁'的崇儒重道基础之上的。"

　　古人都知道"封妻荫子"的特殊含义是封建时代功臣的妻子得到封号，子孙世袭官职和特权。

孔子的被"封妻荫子"具有"前不见古人，后不见来者"之特殊性："死去元知万事空"之"'空'乎哉，不'空'也"！

饮食是文化，文化需传承，传承与"遗传"藕断丝连。

孔子家谱早被收入吉尼斯世界纪录，作为"世界最长家谱"，具有2500多年悠久历史，业已83代，每一代孙都记得清清楚楚。但只有男，没有女。难怪有人将出自《论语·阳货篇》中的"唯女子与小人难养也，近之则不孙，远之则怨"这句话，牵强附会为"男尊女卑""夫为妻纲"的男权主义。

武汉生物制品研究所基因工程室研究员、博士生导师严家新，其主要研究方向为病毒的分子生物学和分子进化论以及狂犬病毒新型疫苗和诊断技术。他强调世上根本不存在"孔子后裔"："人体每个细胞有46条（23对）染色体，染色体是遗传信息（基因）的主要载体，每个人都只能从父母双方各获得一半的遗传物质（即23条染色体）。在后代中，基因减半的过程每传一代都会发生一次，所以后代继承某个特定祖先基因的数量，随传代次数的增加而按几何级数迅速递减。以此类推，就群体而言，孔子的第10代孙只继承了约千分之一的'孔子基因'，第20代孙只继承了约一百万分之一，到目前的第80代就只继承了约一亿亿亿分之一——这个数字与0没有多大区别！"

孟子亦可谓儒家的老祖宗了。《孟子·离娄下》有道："君子之泽，五世而斩；小人之泽，五世而斩。予未得为孔子徒也，予私淑诸人也。"大意是："君子的遗风，影响五代以后而中断；小人的遗风，五代以后传统中断。我没有能够作孔子的门徒，我是私自向别人学取孔子之道的。"

"人们夸耀祖先往往是基于与某个显赫祖先有相同基因的假设，然而人类的遗传物质在后代个体中稀释（递减）的速度非常快，以致先辈的基因在第6代以后的某些个体中就很可能不存在了。"唯如斯，从强人后代继承的角度来看，少有强人。《三国志·袁绍传》称："自安以下，四世居三公位，由是势

▲ 明·陆治《红杏野凫图》

倾天下。"《后汉书·杨震列传》云："自震至彪，四世太尉，德业相继，与袁氏俱为东京名族云。"史实系袁和杨两大家族都败在曹操执政时期——袁绍与袁术被曹操消灭，杨彪的儿子杨修也为曹操所杀。"半部论语治天下"，孔子的后代哪个有此学问？

所幸的是，孔子的学问有别于老子，不是"药店"，而是"粮店"，尽管打天下无用，但坐天下必不可少。于是乎，册封孔子后人成了历代统治者的"必修课"。孔繁坡任山西同州知州想来也不例外。于是乎，还"顺手牵羊"出个"神仙鸭子"来！

「狮子头」为隋炀帝「游幸」的结果。从肉丸子到「狮子头」的享誉中外，一如闽菜里从大杂烩到「佛跳墙」的华丽转身而名满全球，是饮食文化的前世内涵在今生外延起作用。

与"狮子头"

淮扬菜系中的汉族传统名菜"狮子头"，大而言之为苏菜，原名"葵花斩肉"。

封建皇帝至高无上，因此中国汉语词库里就有了一些令腹无诗书者不查工具书大抵莫名其妙的词语：巡幸，旧时帝王巡视各地；临幸，帝王亲自到达某处或与嫔妃同宿；召幸，皇帝对嫔妃召见；游幸，帝王或后妃出游……而"狮子头"就是隋炀帝"游幸"的结果。

从肉丸子到"狮子头"的享誉中外，一如闽菜里从大杂烩到"佛跳墙"的华丽转身而名满全球，是饮食文化的前世内涵在今生外延起作用。比如黔菜作为贵州本地正宗的菜肴，具有代表性的有糟辣脆皮鱼、宫保鳝鱼、宫保鸡丁、独山盐酸鳝片、八宝汽锅脚鱼、天麻鸳鸯鸽、宫保鸡等，可谓色香味形俱佳，遗憾的是，黔味始终未登所谓大雅之堂。想来如果诸葛亮当年能"北定中原"而"兴复汉室，还于旧都"，那贵州菜肴一定会随之"出祁山"。那"八大菜系"里一定不会没有黔菜的至尊地位。

有学者以为："淮扬菜主要发源地是淮安与扬州，以大运河为辐射，南至镇江，北到洪泽湖、淮河一带，东临沿海地区，和山东菜系的孔府风味并称

▲ 唐·阎立本《历代帝王图·隋炀帝杨广》

为'国菜'。淮扬菜如此驰名，其最大的原因是得益于隋炀帝开凿的运河。"

扬州西湖镇曹庄古墓葬为隋炀帝与萧后的合葬墓，杨广一生中有14年在扬州度过。

1000多年以来，隋炀帝一直被列为昏君暴君的行列，弑父、淫母、奸妹、暴政亡国，这些莫须有的罪名把他牢牢地钉在历史耻辱柱上。其实，真实的杨广是一个才华横溢而颇有诗人气质的有为之君，尤其在修大运河、建东都、开科举等方面做出了重要甚或杰出的贡献。

虽说国外著名的大运河也不少，诸如苏伊士运河、巴拿马运河、卡拉库姆运河、基尔运河、约塔运河、曼彻斯特运河等，但中国的京杭大运河是世界上里程最长、工程最大、历史最悠久的运河，其与万里长城、荒漠坎儿井同誉为中国古代的三项伟大工程，是中国文化地位的象征之一。

运河是用以沟通地区或水域间水运的人工水道，通常与自然水道或其他运河相连。美国密西西比河、哈得逊河与五大湖（苏必利尔湖、密歇根湖、休伦湖、伊利湖、安大略湖）间均有运河相通。前苏联将莫斯科河、伏尔加河、顿河以及里海、黑海、亚速海、白海和波罗的海用运河连接起来，组成了航道网。德国美因—多瑙运河使欧洲13个国家的河流连结成网。

京杭大运河实在不是隋炀帝的首创。只是，吴王夫差开凿邗沟意在运送军队北伐齐国，魏惠王开凿的鸿沟旨在征服他国，一言以蔽之，军事目的。隋王朝在天下统一后做出的贯通南北运河的决定，其动机已超越了单纯的军事行动目标，心在发展经济。封建君王将军事与经济作为巩固政权的两翼（经济是另一层面的军事手段）。在这一点上，封建文明与资本文明是不一样的，它绝不会把民主与科学作为社会腾飞的两翼。

京杭大运河的开通，使隋都长安与富庶经济区在那个"古道西风瘦马"与"家书抵万金"的年代，算得上是"天涯若比邻"了。

于是，便有了隋炀帝带着嫔妃、随从乘着龙舟和千艘船只沿大运河南下到扬州观看琼花而流连江南的街谈巷语。游览了无数美景，皇上最青睐扬州的万松山、金钱墩、象牙林、葵花岗这四大名景，对园林胜景赞赏不已，并亲自把四大名景更名为千金山、帽儿墩、平山堂、琼花观。假借前人用菜肴仿制园林胜景的习俗，隋炀帝返回行宫后还立马传旨御厨，让他们根据实景创制出四个菜来纪念这次江南扬州行。御厨詹王费尽心机，一一相应地做出了松鼠桂鱼、金钱虾饼、象牙鸡条、葵花斩肉（也称"葵花肉丸"）。而这"葵花斩肉"就是扬州"狮子头"的前身。

▲ 葵花斩肉

▲ 松鼠桂鱼

▲ 象牙鸡条

▲ 金钱虾饼

"狮子头"，确切地说红烧者，其制作大致有四个过程：

1 葱姜蒜洗净切末，油菜洗净，胡萝卜洗净切丝；

2 猪肉馅"三分肥，七分瘦"为原则，和葱姜蒜末、淀粉、白胡椒粉、酱油充分拌匀，并摔打至有弹性，做成大小相等的肉丸；

3 烧热半锅油，将肉丸放置油锅炸至金黄；

4 炒锅内留少许油，略炒油菜及胡萝卜丝，再将炸好的肉丸倒入，并加入酱油、料酒、清水同烧，中火焖煮10多分钟至熟透，用水和淀粉勾芡，淋上明油盛盘即可。

相传，詹王又名詹鼠，湖北广水（原应山）人，不仅具有精湛的厨艺，而且拥有仁爱的情怀，曾以饿之哲理寓治国之道。詹王对隋文帝说："树无水枯也，人无食瘦也，酒席无厨餐饮萧条也；人之生存以食为天，饿之极致行之不理，天下乱也。山至高，不容鸟兽，未知花草之艳；水至深，难留虾蟹，岂懂鱼水之欢；之所谓，衣至靓丽，不思冷暖，素解民间疾苦；饿至极致，方知味之至美；皮之不存毛将焉附，民不聊生国将颠覆。"隋炀帝杨广能任用詹王这样的仁爱者，其自身应该不会坏到史书上所谓的穷奢极欲而天理不容。

《剑桥中国史》意引《资治通鉴》中的一段话："他（杨广）在**609**年曾说：'自古天子有巡狩之礼，而江东诸帝（南北朝时期）多傅脂粉，坐深宫，不与百姓相见，此何理也？'在场的一朝臣答道：'此其所以不能长世。'"难怪皮日休《汴河怀古》其二有叹："尽道隋亡为此河，至今千里赖通波。若无水殿龙舟事，共禹论功不较多。"唐人咏史怀古诗常用的"翻案法"，使议论新颖，发人所未发。

应该说，"葵花斩肉"只是"游幸"的副产品，隋炀帝也许做梦都不会想到成王败寇之余，"家天下"的隋朝"朱颜改"的不光是"应犹在"的"雕栏玉砌"。扬州评话界四大名家之一的王少堂根据祖辈的口口相传讲过"葵花斩肉"的来历。有一次，吏部尚书郇国公大宴宾客，家厨韦巨元做了扬州这四道名菜，并伴以山珍海味、水陆奇珍，当"葵花斩肉"端上来时，大家眼珠都定了格，只见那硕大的肉团子做成的葵花芯精美绝伦，有如"雄狮之头"。宾客们乘机劝酒道："郇国公半生戎马，战功彪炳，应佩狮子帅印。"郇国公高兴地举杯一饮而尽，说："为纪念今日盛会，'葵花斩肉'不如改名'狮子头'。"结果，一呼百诺，从此扬州就有了"狮子头"的新菜名。

所谓"狮子帅印"，为军队统帅的大印，是军权的象征。《明史·列传》第一百四十卷："期三月尽诸剧寇。巡抚不用命，立解其兵柄，简一监司代之；总兵不用命，立夺其帅印，简一副将代之；监司、副将以下，悉以尚方剑从事。则人人效力，何贼不平?"

与之类似的似乎是"虎符"，分为两半，由皇帝与将帅各执掌一半，因国家利益需调兵时，要把两半合在一起，否则视为叛乱。《信陵君窃符救赵》中说的"符"即是。

▲ 虎符

唐代韦陟袭封郇国公，其性侈纵而穷治馔羞，厨中多美味佳肴，后故以"郇公厨"称膳食精美的人。唐人冯贽《云仙杂记》卷三："韦陟厨中，饮食之香错杂，人入其中，多饱饫而归。语曰：'人欲不饭筋骨舒，夤缘须入郇公厨。'"

韦陟重新命名之后，"狮子头"就像生出两翼，又有了红烧与清蒸之分：

◀《隋炀帝下江南》版画

"却将一胾配两螯，世间真有扬州鹤。"宋人杨万里品尝后赞不绝口，即席赋诗将吃"葵花斩肉"的人比喻成"骑鹤下扬州"的富贵神仙，可见味道之美。

"都说隋朝亡国是因为京杭大运河，但是到现在它还在流淌不息，南北舟楫因此畅通无阻。如果不是修龙舟游幸江都的事情，隋炀帝的功绩可以和大禹平分秋色。"皮袭美说得太深刻了，在批判隋炀帝开运河的主观动机之际，也不能抹杀他在客观上所起的积极作用，其功绩对后世而言当是实时存在的。

纵然，在一个多元的民本社会，任何人都有权质疑——

我们在享受着隋代"无心插柳柳成行"而留下的水利交通之便，有幸品味着"狮子头"之类饮食文化"遗产"的同时，读一读晚唐文人韩偓的《开河记》，在得知隋炀帝派遣酷吏麻叔谋主管修河而强征天下15岁以上的丁男服役，派出5万名彪形大汉各执刑杖监工而致使300万人死亡，我们还应该感谢隋炀帝的雄才大略吗？我们应该怎样面对那些为隋王朝的伟大历史亦或文化"遗产"而冤死的灵魂？如果人死后有灵魂的话。

灵魂由原始人心目中所具有简单古朴之物质性格而至宗教、哲学渐次发达之后之非物质化之"精神统一体"，可视作是思想的发展，但这对于创造历史或曰文化的劳动者来说，只是一张"空头支票"！

将"叫花子鸡"这一本来就是"普罗列塔利亚"或曰无产阶级的饮食文化更"普罗大众"化,让叫花子以外的底层百姓能有幸品尝的,是明末清初的著名诗人钱谦益。

第一章 名菜 ◇◇ 东西南北名菜千秋

与"叫花子鸡"

杭州楼外楼菜馆是一家享誉海内外的老牌名餐馆,"叫花童鸡",亦即"叫花子鸡"是其第一招牌菜。于是乎,有饕餮称之为"浙江杭州传统汉族名菜"。

其实,"叫花子鸡"当谓"江苏常熟传统汉族名菜",属于苏菜之淮扬菜系。

相传,明末清初,常熟虞山麓有一叫花子偷得若干只鸡,苦于无热水拔毛,无佐料调味,无炊具烹饪……无可奈何之余,择其中之一者,拧断鸡头去除内脏,带毛涂田埂之泥投入柴堆点火煨烤,至熟后剥除粘毛泥壳,全鸡金黄而香气四溢。此法一经要饭行内悄悄传开,便成为丐帮的"专利"。叫花子不讲究穿,但讲究吃,"叫花子鸡"的奥妙叫花子是决不外传的,这是帮规。因此,一般人是吃不到正宗

的"叫花子鸡"的。

将"叫花子鸡"这一本来就是"普罗列塔利亚"或曰无产阶级的饮食文化更"普罗大众"化，让叫花子以外的底层百姓能有幸品尝的，是明末清初的著名诗人钱谦益。

钱谦益（1582—1664），字受之，号牧斋，晚号蒙叟、东涧遗老，江苏常熟人，明万历三十八年（1610）一甲三名进士，文人雅士谓之"江浙五不肖"之首。

历史地看，明末清初江南文人中确实出了五个被时人嗤之以鼻的"逆臣贼子"——钱谦益、曹溶、吴伟业、龚鼎孳、陈之遴。这些人在南明未亡时已降清为官，按封建传统观念，有失于忠。

据说，钱谦益降清后有一段时间曾隐居横卧于常熟城西北的虞山。一日外出，但闻香气透长空，他出于好奇心赶去一看，见一叫花子在聊可避风尘的山坳里用泥巴烤鸡，偷窥其制作步骤后，立马打道回府令家人如法炮制，久而久之，"红杏"出"墙"，"叫花子鸡"遂在民间广泛流传开来了。

这道具有滋补强壮功效的名菜色泽诱人、肉香味美，现在的做法一般是：

1 用酱油、料酒、精盐将鸡腌1小时，丁香粒、八角粒研成的末擦抹鸡身；

2 葱花、姜末、八角煸炒，加虾仁、猪肉丁、火腿丁颠炒，烹入料酒、酱油、白糖翻炒成馅料；

3 将馅料填入鸡腹，猪网油紧缠鸡身，荷叶包后再用玻璃纸与荷叶分别裹实，以细麻绳扎成圆形；

4 把酒坛泥碾成粉，加清水拌和后抹在鸡上，用纸包严放入烤箱；

5 熟时取出，敲掉泥巴去除荷叶及其余，淋上香油即可。

想来，当年"叫花子鸡"的制作绝不可能有这么考究，"饥寒起盗心"的叫花子们不会有这样的耐心与雅兴。说他们"讲究吃"，那是相对于穿之衣衫褴褛而言的。

现代著名作家刘绍棠有一篇纪实性的散文《榆钱饭》，作者从亲身经历中截取几个吃榆钱饭的生活片断，多层次、多角度、多侧面地巧用对比，鲜明而深刻地反映了人的心理观念转变背后的环境因素。榆钱又叫榆实、榆子、榆仁、榆荚仁，以眼下养生学的视点来看，有健脾安神、清心降火、止咳化痰、清热利水、杀虫消肿的功效。但过去榆钱当饭常常是在"青黄不接春三月"的年代，百姓为填饱肚子的无奈之举。榆钱，这一比起杨芽儿和柳叶儿稍稍好些的东西，如今居然成为北京大饭店的"珍馐佳肴"。鲁迅先生尝说："对比的方法是认识事物的好法子。"《榆钱饭》一文正是以其匠心独运的对比艺术见功夫，才能以小见大，寓理于事，表现出深刻的思想内涵。

遗憾的是，如今杭州楼外楼的"叫花子鸡"不是叫花子能问津的。"叫花子鸡"从草莽走向贵族化，有点像"榆钱饭"由度饥荒而作食疗。当然，饱经磨难的刘先生没有那个意思，《榆钱饭》立意的角度是为了感恩，与"牧马人"曲啸的一些演讲或言论异曲同工。

司马迁未受官刑，就不会有《史记》。隐居虞山的钱谦益因不得志而与"叫花子鸡"有缘，这还真有点"人民性"之意味！

虞山东南麓伸入古城，故有"十里青山半入城"之美誉。史载，钱谦益不得志之际住过那里的红豆山庄。

红豆山庄位于常熟东郊的古里镇芙蓉村，原名碧梧山庄，始建于宋末元初，距今已有700多年。明代山东副使顾玉柱的次子顾耿光从海南移来红豆树，改名红豆山庄。钱谦益系顾玉柱外孙，庄园后归其居住。又因与秦淮名妓柳如是老夫少妻抑或白发红颜的一段姻缘轰动一时。

顺治四年（1647），钱谦益因江阴黄毓祺反清案被捕入狱。顺治五年，经柳如是四处奔走方脱身囹圄。钱某人对此不胜感慨曰："恸哭临江无孝子，从行赴难有贤妻。"后寓苏州拙政园。顺治六年，返常熟而居红豆山庄。期间，钱谦益表面上在绛云楼检校藏书，暗中则与反清复明势力联络，比如南明桂王大学士瞿式耜，南明延平王郑成功，定西侯、富平将军张名振，南明儒将张煌言等，并和柳如是一起几倾家产援助抗清义军，主要策划了东西两方面南明军队会师长江的战略构想。

钱谦益的"身在曹营心在汉"想必清廷心知肚明。

唯其如此，清朝由最初之动荡而"康雍乾盛世"，其政权固若金汤之余，"屁股决定脑袋"，乾隆皇帝大力表彰忠臣，换言之，那些明末清初因抗清遇难的明朝官员，不仅如此，还下令编纂《贰臣传》，分甲乙两编，附录于《清史列传》卷七十八、七十九两卷中，共收录了在明清两朝为官的人物120余人，诸如洪承畴、祖大寿、冯铨、王铎、宋权、金之俊、党崇雅、左梦庚、田雄等望风归附者，钱谦益亦未能幸免。

有人说，这是被钉在清史之耻辱柱上，是汉奸的下场。窃以为当慎言，盖因"叫花子鸡"可作证钱谦益隐居之余的"明修栈道，暗度陈仓"。

据传，"叫花子鸡"是柳如是起的名字。从良的柳姑娘在随夫君隐居中吃过，问所从来，钱谦益老实坦白是从叫花子处偷学来的，柳才女遂命是名。

唐人王维《相思》有语："红豆生南国，春来发几枝。愿君多采撷，此物最相思。"讲"叫花子鸡"乃爱情之结晶，似不为过。

《诗经·国风·召南·野有死麕》有道："野有死麕，白茅包之。有女怀春，吉士诱之。林有朴樕，野有死鹿。白茅纯束，有女如玉。舒而脱脱兮！无感我帨兮！无使尨也吠！"大意是：一头死獐在荒野，白茅缕缕将它包。有位少女春心荡，小伙追着来调笑。林中丛生小树木，荒野有只小死鹿。白茅捆扎献给谁？有位少女颜如玉。慢慢来啊少慌张！不要动我围裙响！别惹狗

儿叫汪汪！著名语言学家王希杰认为学者、作家、报界名流曹聚仁解读前四句饶有新意："一个大帅哥和一个小美眉一同去打猎。打到了一只小鹿。他们用白茅草包裹起小鹿。再涂抹上潮湿的泥巴。然后，放置到先前挖好的坑上。再点火，燃烧枯树枝子。香味四处飘飞。打开泥巴团子。调情开始了。这就是最早的叫花子鸡，叫花子鸡的老祖宗。"

王教授"腹有诗书气自华"，还进一步谈到："这是顾颉刚的说法，胡适很赞同。胡适在给顾颉刚的信中肯定了顾的这个说法。胡说：'《野有死麕》一诗最有社会学上的意味。初民社会中，男子求婚于女子，往往猎取野兽，献与女子。女子若收其所献，即是允许的表示。此俗至今犹存在于亚洲、美洲一部分民族中。此诗第二章说那用白茅包着的死鹿，正是吉士诱佳人的贽礼。'"

"五四"一代学者的开拓精神今人难以望其项背，对此全新的阐释，诸君信吗？

套用一句时髦语："至于你信不信由你，我反正是信了！"

宋人林升《题临安邸》有感："山外青山楼外楼，西湖歌舞几时休？暖风熏得游人醉，直把杭州作汴州。"杭州楼外楼菜馆名取自这首当年涂鸦于临安城一家旅店墙壁上的政治讽刺诗。靖康元年（1126），金人攻陷汴梁，俘虏了徽宗、钦宗，北宋灭亡。赵构逃至江南临安即位，但南宋小朝廷不思惨痛教训，只求苟且偷安。

"叫花子鸡"在"离乡背井"而为"楼外楼"撑台面之时，游人兼食客大概会因其"出身"而情不自禁地吟诵元人张养浩《山坡羊·潼关怀古》之点睛词句："兴，百姓苦；亡，百姓苦。"

与 "珍珠翡翠白玉汤"

相传，"菠菜豆腐汤"有一个很好听的名字，叫"珍珠翡翠白玉汤"，而这竟然和慈禧有关。

慈禧的一生，经历了从道光二十年（1840）至光绪二十六年（1900）帝国主义侵略中国的五次战争：第一次鸦片战争、第二次鸦片战争、中法战争、中日甲午战争、八国联军入侵。期间，其由5岁孩童到咸丰帝之懿贵妃到清王朝之最高决策者。"菠菜豆腐汤"与她的奇缘出现在八国联军入侵之际。

光绪二十六年，西方列强借口"清朝纵容义和团运动残忍杀死西方传教士及领事人员，义和团拳民对东交民巷外国大使馆和西什库教堂等地发动了攻击"，组建英、美、俄、日、法、德、意、奥等国联军进犯国都北京，慈禧与光绪仓皇西逃，途经河北省西北部那东邻北京、西接张晋蒙之怀来县，疲于奔波且饥渴难耐而就近进入路旁一百姓家歇脚，善良好客的主妇在准备饭菜时"巧妇难为无'荤'之炊"，急中生智，将八成熟的小米拌少量白面，然后倒入"菠菜豆腐汤"里，于是，一大锅热腾扑鼻的面汤就展现在众人面前了。丈夫看到锅内又白又匀的面粒犹如珍珠般散落在白玉如匣的方块豆腐和翡翠样碧绿的菠菜之间，尤其是菠菜根茎结合的部位，翡翠绿配上一丁点浅红淡粉色的菠菜根，酷似一只只红喙碧首的鹦鹉。平常"宁为真白丁，不做假秀才"的丈夫一时无师自通而口占一联："珍珠白玉匣，翡翠绿鹦鹉。"慈禧因之心花怒放而食欲大增。

"菠菜豆腐汤"这道浙菜与江淮菜特点兼而有之的农家菜传说良多，但大多只是把主人公改一下，比如慈禧变为朱元璋，故事情节却大致一样。只有一个例外，那就是"乾隆与'皇姑菜'"。

镇江民间流传一道"皇姑菜"。

据传，中国历史上享年最高且执政时间最长的皇帝乾隆私下江南寻父陈世倌，行至镇江

▲（荷兰）胡博·华士
《慈禧太后画像》

南郊，时值亭午，腹中嘀咕之余，见前有一村庄，村口一茅舍烟囱炊烟袅袅。他进门一看，"家居徒四壁立"，而有一农妇在焉。乾隆说明顺便搭伙的来意，囊中羞涩的农妇想到家中恰好有两块豆腐，便从门外菜地里拔了一把菠菜，将豆腐小块油煎至两面黄松松，投入菠菜同煮后端上来。乾隆见绿叶与红根上下，金黄与白玉表里，问是何菜。农妇小时候常玩猜谜语的游戏，熟知有关菠菜与豆腐的谜语，张口答道："这菜是'金镶白玉板，红嘴绿鹦哥'。"乾隆听罢龙颜大悦，遂赠折扇一把酬谢，并告知危难之时凭此扇可逢凶化吉。嗣后，农妇丈夫上街无意间伤人而被送衙门问罪，便携扇前往。知府见扇如见天子而跪拜，并赶紧放出农夫，等到从农妇口中得知扇子由来，居然以驸马礼仪相待。从此，人们也就称呼农妇所住村庄为"驸马庄"，称"菠菜豆腐汤"为"皇姑菜"了。

其实，"皇姑菜"与"珍珠翡翠白玉汤"大同小异。而慈禧青睐后者之

名，估计与其某种嗜好有关。

人人都有一死，性格决定命运，而你的特别爱好决定着你的性格。

慈禧酷爱"珠"，凤冠上"'珠'联'璧'合"，且中有九颗价值连城的夜明珠。八国联军入侵北京，她并非"三十六计走为上计"，而是不准许平民反击侵略者的同时，忍痛割爱从凤冠上取了四颗龙眼大、晶莹闪亮的夜明珠送与外国人，央求他们退兵。由于当时总管太监李莲英不在身旁，叫一个姓王的宫女送往西门宾馆，交给正与外国人交涉退兵一事的李鸿章。岂料这宫女见珠起贪心，她巧妙地摆脱护卫清兵，把夜明珠藏入了民间。64年后（1964），西安市柏树林的一个吴姓工人在家里的一个肮脏油黑的小枕头中发现了这些夜明珠。那个肮脏的小枕头是一个80岁的王奶奶临死前给他们的。吴师傅一直赡养着这位无依无靠的王奶奶，视同亲娘。估计这个王奶奶便是当年太后身边的那位宫女。

慈禧活着的时候将"珠"顶在头上，死了还要将"珠"含在嘴里下葬。随葬的夜明珠是一块近似球状、约重787.28克拉的金刚石原石，在光绪三十四年（1908）时值1080万两白银，约相当于现在8.1亿元人民币。

夜明珠系若干世界古老文明中同时存在的一个自然、历史和文化之谜。而慈禧喜好"珍珠翡翠白玉汤"应该不是个谜。

说白了，怀来县那道"珍珠翡翠白玉汤"，不过是让慈禧于颠沛流离而凶吉未卜之时有一个"讨彩头"的机会而已！

清东陵在河北遵化县马兰峪西，是清朝定都北京后敕建的皇室陵群之一。慈禧的隆恩殿在整

◀ 夜明珠

个清陵地面建筑中堪称佼佼者。隆恩殿内壁四角盘环，中饰五蝠捧寿、万字不到头的雕砖图案，立柱金龙盘绕，流彩溢光。殿外四围饰以汉白玉栏杆，精刻龙凤呈祥，水浪浮云，使人几疑误入阆苑仙宫。史载，隆恩殿完工后14年又重加装点，光贴金就用去黄金4000多两。一介贵人，极可能有"三千宫女胭脂面，几个春来无泪痕"的红颜悲剧。因幸得载淳而尊为皇太后，继而垂帘听政，干涉朝纲，真是"母以子贵"。然而，欲望是难填的沟壑，她死后还想将荣华富贵带入"司命之地"，建起了豪华、雍容、典雅的眼宫。不料军阀孙殿英的枪炮打破了她的黄粱美梦，落了个弃尸于乱石堆的下场。

1928年夏，军阀孙殿英在河北遵化处心积虑地完成了盗陵。所盗的两座墓葬，一是乾隆皇帝的裕陵，一是慈禧太后的定陵。东窗事发后满人哗然，轰动全国。孙殿英为平风波，暗中将部分盗来的无价之宝行贿，慈禧嘴里含的最为珍贵的夜明珠"开是两块，合拢是一个圆球，分开透明无光，合拢则透出一道绿色的寒光，夜间在百步之内可照见头发"，经戴笠之手送给了蒋介石夫人宋美龄。

通过历史学与考古学研究，证明"随葬于慈禧太后嘴中的夜明珠"实际上就是由印度莫卧儿王朝沙·贾汗国王命名、迄今已经丢失了将近350年之久的"莫卧儿大帝金刚石"原石，大概是阿富汗国王先后8次远征印度莫卧儿王朝抢夺来，然后于乾隆二十五年（1760）或者乾隆二十七年（1762）向清廷派遣使团时，贡给了乾隆皇帝，而后流传到了慈禧太后嘴里。

令慈禧死了还不得安宁的夜明珠随着宋美龄的驾鹤西去下落不明，而"珍珠翡翠白玉汤"则进入寻常百姓家。

眼下有一种说法："吃菠菜烧豆腐对身体有害，因为菠菜中含有大量草酸，会与钙反应，生成不溶性的沉淀。"

可这种说法没有看到问题的另一个方面：菠菜当中也含有多种促进钙利用、减少钙排泄的因素，包括丰富的钾和镁，还有维生素K。钙与酸碱平衡密切相关。在蛋白质类食品摄入过量时，酸碱失衡，人体的钙排泄量就会增大。此时，如果能多吃一些菠菜，就可以充分摄入钾和镁，帮助维持酸碱平衡，减少钙的排泄量，对骨骼健康非常有益。

当然，菠菜中的草酸也是个急需解决的问题，但不难。由于草酸溶于水，仅需把菠菜在沸水中焯1分钟，即可除去80％以上的草酸。幸运的是，维生素K不怕高温，也不溶于水，所以焯菠菜不会引起它的损失。

"药食同源"是中华医学中对人类最有价值的贡献之一。基于此，也有人会认为慈禧不会"望文生义"，大抵是出于养生的目的对"珍珠翡翠白玉汤"钟爱有加。

斯人已去，猜度为后人审判历史的拿手戏，尽可见仁见智。

只是，面对死亡的思考，哲学家与政治家会不同。

《庄子·杂篇·列御寇》有语："庄子将死，弟子欲厚葬之。庄子曰：'吾以天地

▲ 翡翠白菜

▲ 清·慈禧《瓜果满盆》

为棺椁，以日月为连璧，星辰为珠玑，万物为赍送。吾葬具岂不备邪？
何以加此？'弟子曰：'吾恐乌鸢之食夫子也。'庄子曰：'在上为乌鸢
食，在下为蝼蚁食，夺彼与此，何其偏也！'"大意是："庄子快要死
了，弟子们打算用很多东西作为陪葬。庄子说：'我把天地当作棺椁，把
日月当作连璧，把星辰当作珠玑，万物都可以成为我的陪葬。我陪葬的
东西难道还不完备吗？哪里用得着再加上这些东西！'弟子们说：'我们
担忧乌鸦和老鹰啄食先生的遗体。'庄子说：'弃尸地面将会被乌鸦和老
鹰吃掉，深埋地下将会被蚂蚁吃掉，夺过乌鸦老鹰的吃食给蚂蚁，怎么
如此偏心！'"

　　慈禧想到了死后的口含夜明珠，是否还会想到生前的"珍珠翡
翠白玉汤"？

粤剧和粤菜都是中国的国粹，都跟辛亥革命有着不解的渊源。潮州菜被世博会当作『粤菜』代表与南宋末年另一场『革命』有关，广东潮汕地区的汉族传统特色菜式中的『护国菜』，便是那时的『活化石』。

宋少帝 与 "护国菜"

后起之秀的"粤菜"，由广府菜、潮州菜、客家菜组成。其狭义指广府菜，也就是通常说的广州菜（含南番顺），源于岭南。

然而，广义"粤菜"里的潮州菜却喧宾夺主。出征2010年上海世博会的中国"八大菜系"中，潮州菜成为粤菜系的唯一代表。2009年，经广东省世博工作领导小组推荐及上海世博局半年多的考评，最终本着好中选优的原则，确定由上海大宁潮府酒家代表粤菜入驻世博园。

著名历史学家赵立人认为，粤剧和粤菜都是中国的国粹，都跟辛亥革命有着不解的渊源。不知潮州菜被世博会当作"粤菜"代表，是否与另一场"革命"有关？

南宋末年，8岁的小皇帝赵昺逃难到潮汕一带，给潮汕子民留下诸如"无尾螺""宋茶""珍珠粥""凤凰天池四脚鱼""南澳宋井""潮阳海门莲花峰试剑石"等物质与非物质文化遗产。广东潮汕地区的汉族传统特色菜式中有一道名菜叫"护国菜"，便是那时留下的"活化石"。

有道是，饥不择食，寒不择衣，慌不择路，贫不择妻。据说颠沛流离的少帝昺一日傍晚在"宋末三杰"陆秀夫、文天祥、张世杰的护驾下来到潮州

城郊一荒山破寺，后有索命兵，前无落脚处，腹中饥饿难耐。老和尚闻讯慌忙迎驾，无奈净土梵界难烹御膳，他急中生智从寺后菜园的番薯地抓了一把叶子，滚水烫过沥干，撒些盐巴送了上来。谁想赵昺吃了个碗底朝天，赞不绝口之余问起此为何菜，和尚苦笑一下随口答曰"护国菜"。皇上听此深明大义之"爱国"语颇为感动，君臣抱头痛哭一番后破涕为笑而皆大欢喜。

历史不会因一道"护国菜"而改变，时下盛行的"戏说"除外。

不过，有一个问题值得一提。

明人徐光启《甘薯疏序》记载：

> 岁戊申，江以南大水，无麦禾，欲以树艺佐其急，且备异日也，有言闽、越之利甘薯者，客莆田徐生为予三致其种，种之，生且蕃，略无异彼土。庶几载橘逾淮弗为枳矣。余不敢以麋鹿自封也，欲遍布之，恐不可户说，辄以是疏先焉。

译成白话："1608年，长江以南发大水，麦子稻子都没有收获。我想种点儿什么来救急，同时也为以后的救灾预先作打算。有人说福建、浙江在灾荒年月种植甘薯获益，门客莆田徐生多次给我送来种子，试着栽种，产量还很高，和原来土生土长的并没有差别。看来，橘树即使过了淮河也不会结出枳实来。我不敢用麋鹿只能生长在山区的想法把自己局限起来，很想到处宣传推广，又怕用嘴巴说不能家喻户晓，就写了这篇

◀ 护国茶

《甘薯疏》作为倡导。"

甘薯，或称山芋、红苕、地瓜、番薯等，是旋花科的一种食用植物。它的原产地在美洲中部，到16世纪70年代，也即明万历初年（1573年或稍后）才由吕宋（今菲律宾）引种到我国南部沿海地区普遍种植。赵昺（1272—1279）怎么可能吃到番薯叶呢？

徐光启是16世纪中叶到17世纪初期，换言之明万历至崇祯年间的先进科学家之一，不可能像时下某些人为了评职称而胡编乱造。而那时，番薯确是一样新鲜事物，仅有闽、越少数地方种植。他感到可惜，极力主张推广，才写下了《甘薯疏》。估计宋少帝填饱肚子的"护国菜"主料是其他品种的绿色菜叶。

上海大宁潮府酒家代表粤菜入驻世博园"八大菜系"后做的"护国菜"是以新鲜菠菜叶碾磨成汁，过滤去筋纤烹制而成的。其口感醇滑，味道鲜美，色泽碧绿，形如太极八卦图，在白瓷汤碗中分外诱人。

各地潮州菜馆，在"樽罍溢九酝，水陆罗八珍"与"果擘洞庭橘，脍切天池鳞"的宴席上，总少不了汤菜上品"护国菜"。只是，同样一盘绿菜叶，如今做起来可不像传说中那么简单：先除筋络洗净并以碱水浸后压干清除苦涩味，切过横刀而爆炒于油锅，最后配上北菇、火腿茸等佐料加上汤煨制。这般别具风味的汤菜，比起700年前那位落荒逃难的少帝所吃，自然要精美得多了。

元朝至元十六年（1279），即南宋少帝祥兴二年三月十九日，宋元两军在崖山（今广东新会南崖门镇）决一死战。元军以少胜多，左丞相陆秀夫为避免"靖康之耻"重演，毅然背着"始龀"之年的赵昺跳海求死，南宋在崖山的10万军民也相继投海殉国。

崖门海战之后，赵宋"家天下"灭亡，蒙元统一华夏，中国在历史上第一次整体为北方落后的游牧民族所征服的痛楚，甚至使人产生了"崖山之后无中国（中华）"这一夸张说法。孙中山在《民族主义》第二讲中说过："中国几千年以来，受到政治上的压迫以至于完全亡国，已有了两次，一次是元朝，一次是清朝。"鲁迅在《随便翻翻》中同样说过："幼小时候，我知道中国在'盘古氏开辟天地'之后，有三皇五帝……宋朝，元朝，明朝，'我大清'。到二十岁，又听说'我们'的成吉思汗征服欧洲，是我们最阔气的时代。到二十五岁，才知道所谓这'我们最阔气的时代'，其实是蒙古人征服了中国，我们做了奴才。直到今年（指1934年，引者注）八月里，因为要查一点故事，翻了三部蒙古史，这才明白蒙古人的征服'斡罗思'，侵入匈、奥，还在征服全中国之前，那时的成吉思还不是我们的汗，倒是俄人被奴的资格比我们老，应该他们说'我们的成吉思汗征服中国，是我们最阔气的时代'的。"

看来，即便政治家与思想家也有言不得体的时候。不过，倘若他们在世谈起南宋灭而"护国菜"出的历史，一定会感慨万千。

宋少帝的年龄应该还无法思考阿斗刘禅"乐不思蜀"的智慧抑或愚昧，纵然他的直觉思维会感到：活着真好，哪怕不做皇帝。在位313天的赵昺于不明"国"为何物与"国将不国"之际，有幸品尝了"护国菜"，是否死而无憾？

后人将"护国菜"创制得形若"太极八卦图"，是否暗示着封建皇权难免"盛极必衰，衰极必盛"之周期律而"城头变幻大王旗"的宿命？

「五柳鱼」是杜甫「穷则思变」的产物。「躬耕自资」而在贫病交迫中去世的陶潜九泉有知，一定会感怀于《茅屋为秋风所破歌》，放弃「宅边有五柳树」，因以为号焉」的「五柳」专利权，拱手送给子美。

杜甫 与 "五柳鱼"

香味俱全的汉族名菜"五柳鱼"，属于"川菜"，还是"浙菜"？提出这样的疑问，是因为古人留给后人两个传说。

一说，杜甫穷则思变创制"五柳鱼"。

"安史之乱"，唐玄宗逃往四川，杨玉环吊死马嵬坡，一如白居易《长恨歌》所叹：

> 九重城阙烟尘生，千乘万骑西南行。
> 翠华摇摇行复止，西出都门百余里。
> 六军不发无奈何，宛转蛾眉马前死。
> 花钿委地无人收，翠翘金雀玉搔头。
> 君王掩面救不得，回看血泪相和流。

"覆巢之下，安有完卵乎？"为了躲避这场战乱，杜甫也漂泊到西南，在成都古郊的浣花溪畔建了一座草堂，住了下来。深秋狂风怒号经常卷走屋顶上的茅草而"屋漏偏逢连天雨"，生活拮据，每日用素菜草果度日，当地人都

▲ 五柳鱼

叫他"菜肚老人"。有一天，他心血来潮邀请几个朋友在草堂上吟诗作赋，不觉到了中午，顿时发起愁来，眼看要吃晌饭了，家徒四壁而囊中羞涩，拿什么来款待这些客人呢？他正在着急，忽然见家人从浣花溪里钓上一条鱼来，不禁喜上眉梢，赶紧趁鲜亲自下厨烹制。他把开膛洗净并沥干的鱼加上佐料装盘入笼蒸熟，又将当地的甜面酱加入四川泡菜里的辣椒、姜和汤汁，和好淀粉，作成汁，趁热浇在鱼身上，并撒上些许香菜。几个落魄文人围在一起看着香气扑鼻的鱼问子美菜名，杜甫因同病相怜而不假思索地说："'环堵萧然，不蔽风日，短褐穿结，箪瓢屡空'，五柳先生陶渊明不改其志，是我们敬重的先贤，这鱼上洒的香菜又酷似柳叶，就叫'五柳鱼'吧！"

二说，苏轼游戏文字创制"五柳鱼"。

有一次，苏轼食欲不振让厨师做道鱼看开开胃。厨师送来后，只见热腾腾、香喷喷，鱼身上刀痕如柳，他随口吟诵唐人贺知章《咏柳》诗："碧玉妆成一树高，万条垂下绿丝绦。不知细叶谁裁出，二月春风似剪刀。"并将此菜命名为"五柳鱼"。诗性诱发食欲大开，正欲举筷品尝之际，忽见窗外闪过一人影，便猜测是好友佛印来蹭饭了。想到佛家戒律，顺手将这盘鱼搁到书架上。了元和尚早就耳闻目睹了好朋友的所作所为，误以为不讲义气，心想："你藏得再好，我也要叫你拿出来。"东坡居士笑眯眯地招呼不速之客坐下，问道："大和尚不在寺院念经吃斋，到此有何见教？"佛印答道："今日特来请教一个字？""何字？""'苏'（古代写作"蘇"或"蘓"）字怎么写？"苏东坡知道佛印学问深，这里面一定有名堂，便认真地与之一问一答起来："草字头下边左'鱼'右'禾'。""那草头下边左'禾'右'鱼'呢？""还念'苏'啊！""那鱼搁在草头上边呢？""不行！""那就把鱼拿下来吧。"至此，苏东坡恍然大悟，佛印不忌荤腥，说来说去要吃他的那盘"五柳鱼"。

"来而不往非礼也。"后来佛印听说苏轼要来，就照样蒸了一盘"五柳鱼"，心想："上回你开我玩笑，今日我也难难你。"于是就顺手将鱼放在旁边的磬里。这雕虫小技东坡早已看在眼里，但装作不知道，说道："我想写副对联，写好了上联'向阳门第春常在'，苦于下联一时想不出好句子。"佛印不知道对方葫芦里卖的什么药，几乎不假思索地说："下联乃'积善人家庆有余'。"苏东坡听完，佯装惊叹道："原来你磬（庆）里有鱼（余），快拿出来一同分享吧！"佛印这才豁然大悟知道"踩"了老朋友的"陷阱"。不过才子毕竟是才子，他还想"戏弄"苏东坡一下："一条清蒸的西湖鲜鱼，为何身上划了五刀？"东坡居士笑眯眯地答道："'五柳鱼'，名'素'实'荤'，吃斋和尚瞒天过海呗！"佛印"王顾左右"地说："这条'五柳鱼'算给你'钓'到了，不如叫'东坡鱼'算了。"

杜甫与苏轼有关"五柳鱼"的民间传说，虽不可避免

地带有相当的娱乐性，听起来神乎其神，但有它一定的依据，仍是我们研究历史的重要素材。对于研究人类文明史的演进也具有一定意义。

作为一个现实主义诗人，杜甫因房琯事件仕途严重受挫，"致君尧舜上，再使风俗淳"的理想被丝丝蚀尽，乾元二年（759）弃官入川，经济极其拮据，坠入饥寒贫病的深渊。但自顾不暇的他依然心系苍生写出了《茅屋为秋风所破歌》等大批优秀篇章，与弃彭泽县令而归隐田园的陶渊明颇为相像。

苏轼是个文艺全才，诗、文、书、画无所不能，其穿越时空与相隔约700年的陶渊明成为异世知音，写有不少提及陶渊明、间接模仿陶诗冲淡质朴风格的作品和对陶诗平淡风格评介的文字。其晚年，更于扬州、惠州、儋州三地写有124首"和陶诗"、10首《归去来集字》和1篇《和陶归去来兮辞》，此在中国文学史上，实属罕见。

然而，他于宋神宗元丰三年（1080）被贬黄州，任团练副使，犹可"每日起来打一碗"猪肉；宋哲宗绍圣元年（1094）被告以"讥斥先朝"的罪名而贬岭南，"不得签书公事"，尚能"日啖荔枝三百颗"……其性格乐观旷达，深得道家风范。《记承天寺夜游》既说明了他的怀才不遇，也流露出五柳先生那种不汲汲于名利的品格，但远未"不戚戚于贫贱"。离陶渊明看透官场的黑暗，绝望之余而与之彻底决裂，最终超然物外，实在不是一般距离。

东坡身为豪放派词人，好交友与好美食，创造了许多美食佳品，且私生活甚为浪漫。南宋王明清《挥麈录》说："姚舜明庭辉知杭州，有老姥自言故娼也，及事东坡先生，云：公春时每遇休暇，必约客湖上，早食于山水佳处。饭毕，每客一舟，令队长一人，各领数妓，任其所适。晡后鸣锣以集之，复会望湖楼或竹阁之类，极欢而罢。至一二鼓，夜市

▲ 宋·苏轼《归去来分辞》书法长卷

犹未散，列烛以归，城中士女云集，夹道以观千骑之还，实一时之盛事也。"而他不少旖旎艳丽的诗词都是在这种狎妓生活中写出来的，例如《调谑篇》（有人以为"托名"之作）载："大通禅师操行高洁，人非斋沐不敢登堂，东坡一日挟妙妓谒之，大通愠见于色。公乃作《南柯子》令妙妓歌，大通亦为解颐。公曰：'今日参破老僧禅矣。'"

在一些大儒中，即便较有代表性的"唐宋八大家"韩愈、柳宗元、王安石、欧阳修、苏洵、苏轼、苏辙与曾巩，正面看忧国忧民，反面看大多好色者流。

万事万物有其相对性，站在狭义的角度，说"五柳鱼"是杜甫"穷则思变"的产物也许更合情合理。"躬耕自资"而在贫病交迫中去世的陶潜九泉有知，一定会感怀于《茅屋为秋风所破歌》，放弃"宅边有五柳树，因以为号焉"的"五柳"专利权，拱手送给子美。

今天的"五柳鱼"有红烧与白汁两种烧法——

把鱼洗净控水，两侧剞一字形花刀，入开水锅中，拍破的葱、姜和料酒、盐一并投入，以文火煮至熟透盛盘；把炒勺烧热注油，下入葱丝、姜丝、蒜和冬菇丝、辣椒丝，稍炒后将汤倒入，加糖、醋、料酒、酱油，并以湿淀粉勾芡，芡起泡时加一点热油搅匀浇在鱼上，然后，撒

上洗净的香菜即可。

将净鱼用刀刻成鱼鳃纹，火腿、鸡肉、莴笋、香菇、冬笋、姜、泡辣椒分别切成细丝；炒锅置旺火上，下猪化油烧至七成热，鱼下锅炸一次（不能过老，去腥定形即可），滗去炸油；留油（50 克），加姜炒香，掺清汤，注绍酒，放火腿、鸡肉、莴笋、冬笋、香菇及川盐、胡椒粉烧10余分钟（用中火，以熟透为度，时间过长，鱼肉变老，成菜以软嫩为上品）；将鱼翻面再烧5分钟，用筷子拈鱼入盘内；锅内各料勾二流芡，放鸡化油、味精舀淋在鱼上，最后将葱丝、泡辣椒丝撒在面上即成。

据说，白汁为正宗，据说而已，其实大江南北川菜馆不乏红烧"五柳鱼"。

"宋嫂鱼羹"虽为浙菜抑或杭州名菜，但其扎根于开封，即古之东京，寄予着"靖康之耻"的痛苦。事实上，南宋也有过数次北伐，无功而返之余，更多的则是"歌舞"与"暖风"中梦幻："直把杭州作汴州。"

宋高宗 与 "宋嫂鱼羹"

闻名遐迩的杭州传统风味名菜"宋嫂鱼羹"源于南宋，距今已有800多年的历史。

宋人周密《武林旧事》记载：淳熙六年（1179）三月十五日，宋高宗忽然起了一个念头，登御舟游西湖，其一边授意内侍买湖中龟鱼放生，一边品尝湖畔一自称随驾到此的东京（今河南开封）人氏宋五嫂的鱼羹。赵构还念及宋五嫂年老侍驾而赐以金银绢匹。

宋人吴自牧《梦粱录·铺席》记录，当年"杭城市肆各家有名者"，其中就有"钱塘门外宋五嫂鱼羹"。所谓"钱塘门"，就在今天的六公园处。隋朝筑城时有"钱塘门"之称，南宋以后为杭州西城门之一。遗址随着2011年杭州西湖入选"世界遗产名录"而成为名录中杭州西湖的24个核心景点之一。有这样一曲民谣道出了杭州10个古城门的不同特色："武林门外鱼担儿，艮山门外丝篮儿，凤山门外跑马儿，清泰门外盐担儿，望江门外菜担儿，候潮门外酒坛儿，清波门外柴担儿，涌金门外划船儿，钱塘门外香篮儿，庆春门外粪担儿。"南宋以降，钱塘门外多佛寺、楼台。出昭庆寺，看经楼径通灵隐、天竺，往灵竺进香者多由此门出入，故有"香篮儿"之说。而烧香者络绎不

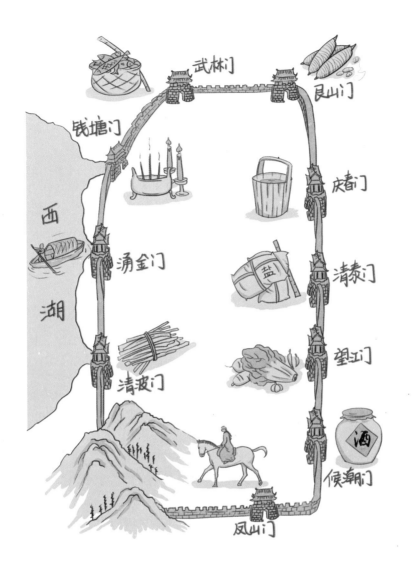

绝又催生了商品经济。

　　周密（1232—1298），字公谨，号草窗、霄斋、蘋洲、萧斋、弁阳老人、四水潜夫、华不注山人，南宋词人、文学家，祖籍山东济南，先人因随高宗南渡，落籍吴兴（今浙江湖州），置业于弁山南（一说其祖后自吴兴迁杭州，出生在杭州）。其《武林旧事》成书于元至元二十七年（1290）前，作者按照"词贵乎纪实"的精神，根据目睹耳闻和故书杂记来追忆南宋都城临安城风貌，诸如朝廷典礼、山川风俗、市肆经纪、四时节物、教坊乐部等情况，足

▲ 宋·周密《武林旧事》

以采信。而吴自牧，《宋史》与《元史》均未有其人其事"蛛丝马迹"，相对而言，聊以参考与印证。

据说，因丈夫姓宋排行老五而人称宋五嫂者绝非等闲之辈。其为中国古代的十大名厨之一，不但手艺超群，而且很有餐饮业经济头脑。靖康之变

（1126—1127），她随家人从河南开封逃难至杭州，长大成人后在钱塘门开一家小吃店，看到宋室南迁来的中原人很多，思乡之情难遣，颇想尝点乡味以解乡愁，便专营传统汴京风味的鱼羹。高宗得知，经常派太监来定做，《武林旧事》里的那次所谓"登御舟游西湖"其实是有备而来。

"杭儿风"是杭州方言"跟风"的意思，反映了杭州人不管干什么事都有一种比较喜欢凑热闹或一窝蜂的从众心态。赵构的光临，使得众人"杭儿风"附身，纷纷前往品尝，宋嫂亦被奉为脍鱼之"师祖"。从此，其人其菜竟然声名鹊起，"宋嫂鱼羹"因龙颜驰誉京城。

清人方恒泰有《西湖词》云："小泊湖边五柳居，当筵举网得鲜鱼。味酸最爱银刀脍，河鲤河鲂总不如。"有人说写出了西湖醋鱼的烹制与美味，也有人说他赞的"五柳居醋鱼"乃当年的"宋嫂鱼羹"。

鲤，即鲤鱼，俗名鲤拐子、鲤子等。常见的有：镜鲤，仅侧线部和背、腹部有少数大型鳞片；革鲤，绿黑色，无鳞；荷包红鲤，体短、头大、腹部圆突，含脂丰富；兴国红鲤，体红色，或有黑白斑，供观赏用。

鲂，即鳊鱼，属鲤形目，鲤科，鲌亚科，鲂属，俗称三角鳊、乌鳊、平胸鳊等。

"河鲤河鲂总不如"，那么"五柳居醋鱼"的食材究竟是什么？

是鳜鱼与鲈鱼！

鳜鱼，又称桂鱼、鳌鱼、脊花鱼、胖鳜等，体侧扁，背隆起，头大，口裂略倾斜，上下颌前有小齿，体色棕黄，腹灰白，体侧有许多不规则斑块、斑点，属凶猛肉食性鱼类，常以其他鱼类为食，也食虾类，分布很广，除青藏高原外，全国各主要水系均能见到。张志和《渔歌子》有云："西塞山前白鹭飞，桃花流水鳜鱼肥。青箬笠，绿蓑衣，斜风细雨不须归。"

鲈鱼，与鳜鱼之生活习性同，性凶猛，以鱼虾为食。有四种，分别是：海鲈鱼，学名日本真鲈，分布于近海，及河口咸水淡水交汇处；大口黑鲈，又叫加州鲈鱼，从美国引进的新品种；松江鲈鱼，也称四鳃鲈鱼，属于江海洄游鱼类；河鲈，也称赤鲈、五道黑，原产新疆北部地区。其中"松江鲈鱼"最著名。

▲ 清·倪耘《鲈鱼图》

《世说新语·识鉴》有语："翰（张翰）因见秋风起，乃思吴中菰菜、莼羹、鲈鱼脍，说：人生贵在适志，何能羁宦数千里以要名爵乎！遂命驾而归。"是为"莼鲈之思"，即想念莼菜汤和烧鲈鱼。

"宋嫂鱼羹"烹调时，先将作主料的鳜鱼或鲈鱼蒸熟剔去皮骨，再加上火腿丝、香菇与竹笋末及鸡汤等佐料，成菜色泽悦目、口感嫩滑、味觉蟹羹，故又称"赛蟹羹"。

现代诗人、作家、红学家俞平伯《双调望江南》有曰：

西湖忆，三忆酒边鸥。楼上酒招堤上柳，柳丝风约水明楼，风紧柳花稠。

鱼羹美，佳话昔年留。泼醋烹鲜全带冰，乳莼新翠不须油，芳指动纤柔。

其中的鱼羹佳话指的就是宋高宗与宋五嫂这一段有关"宋嫂鱼羹"的故

事。这位与胡适并称"新红学派"创始人的国学大师意犹未尽，还在《略谈杭州北京的饮食》中指出："西湖鱼羹之美，口碑流传已千载矣。"

实话实说，"宋嫂鱼羹"虽为浙菜抑或杭州名菜，但其扎根于开封，即古之东京。

问题是，此菜何以到杭州才名声大振？

有人说是宋高宗的功劳，他引起了"杭儿风"。

窃以为，只讲对了一半，另一半是国家或民族情结所致！

"宋嫂鱼羹"的主料无论鳜鱼还是鲈鱼，皆具有勇猛之"猛"，而又含有思念故土之"莼鲈之思"之意蕴，想来赵构及其"上有所好，下必甚焉"者，在这道源于中原的名菜上寄予着"靖康之耻"的痛苦。事实上，南宋也有过数次北伐，无功而返之余，更多的则是在"歌舞"与"暖风"中梦幻："直把杭州作汴州。"

不知南宋著名抗金英雄、豪放派词人代表辛弃疾有没有吃过"宋嫂鱼羹"，稼轩居士好像对"莼鲈之思"这个典故特别感兴趣！

江西安抚使任上，他的《沁园春·带湖新居将成》第一次提到了"莼菜"与"鲈鱼"："意倦须还，身闲贵早，岂为莼羹鲈脍哉？"过了几年改做建康（今江苏南京）通判，在那首著名的《水龙吟·登建康赏心亭》中又一次提到"鲈鱼脍"：

休说鲈鱼堪脍，尽西风、季鹰归未？求田问舍，怕应羞见，刘郎才气。可惜流年，忧愁风雨，树犹如此！倩何人唤取，红巾翠袖，揾英雄泪！

美人迟暮，英雄气短，读来令人唏嘘不已。

饮食文化有时委实是一种"餐桌政治"，君不见欧阳修《醉翁亭记》之千古名句"醉翁之意不在酒"？！

真正上得了台面的好菜，配料应该是大有讲究的，绝不会有类『拉郎配』样的偶然甚或『荒唐』。文人王昌龄炮制『怀胎鲜鱼』仅仅是因雅兴之『无心栽花』，与『有心插柳』是有本质区别的。

第一章　名菜　◇◇　东西南北名菜千秋

 与"怀胎鲜鱼"

中国文人大多爱好想入非非，比如王昌龄。

王昌龄（？—约756），字少伯，京兆长安（今陕西西安）人，盛唐著名边塞诗人，后人誉为"七绝圣手"。

唐玄宗开元二十八年（740）庚辰冬，年过不惑的王昌龄离京赴江宁丞任。据说，翌年其买舟江浙游，听人说马当山有座颇为灵验的神庙，于是便备足了鸡鸭鱼肉诸供品前往，无奈天公不作美，船到山前突然风浪大作，沉舟灭顶之际，口占《上马当山神》云："青骢一匹昆仑牵，奉上大王不取钱。直为猛风波里骤，莫怪昌龄不下船。"吟毕，急令仆人将随带祭物尽抛于海，须臾风平浪静，"静影沉璧"中一尾三尺大鱼跃然甲板，嗜美食之诗人欣喜若狂，命庖厨立马趁鲜烹饪，下人剖开鱼腹，见方才所抛之祭品中的小鱼有些竟然在焉。少伯不愧"七绝圣手"，遂命此菜为"怀胎鲜鱼"。嗣后，这道充满浪漫与传奇色彩的下饭菜在江浙一带不胫而走，成了庖厨竞相烹制之杭州名菜。

唐玄宗天宝七年（748）戊子春（有人以为天宝十二年），王昌龄以"不护细行"之罪，被谪龙标尉，又顺便把"怀胎鲜鱼"这道名菜带到龙标。

　　"不护细行"意为不拘小节，语出《尚书·旅獒》："不矜细行，终累大德。"三国时期著名政治家、文学家，曹魏开国皇帝曹丕《与吴质书》有言："观古今文人，类不护细行，鲜能以名节自立。"对此，在《芙蓉楼送辛渐》中，王昌龄对他的好友说"洛阳亲友如相问，一片冰心在玉壶"，借用鲍照《白头吟》里"清如玉壶冰"的比喻，表明自己实在纯洁无辜。

　　同时代的李白则替王昌龄大鸣不平而作诗《闻王昌龄左迁龙标遥有此寄》曰：

　　　　杨花落尽子规啼，闻道龙标过五溪。
　　　　我寄愁心与明月，随风直到夜郎西。

　　诗作融情于景，前两句含有飘零之感与离别之恨，后两句假拟人辞格生动形象地表达了诗人的忧愁和无奈以及对友人的关切之情。

　　龙标系黔城，隶属湖南怀化洪江区管辖，现名为治黔城，有2000多年的历史。治黔城是全国保存最完好的明清古城之一，三面环水，为湘楚苗地边陲重镇，素有"滇黔门户"和"湘西第一古镇"之称。其比云南丽江

大研古镇早1400年，较凤凰古城早900年。

王昌龄的《龙标野宴》有道："沅溪夏晚足凉风，春酒相携就竹丛。莫道弦歌愁远谪，青山明月不曾空。"一个曾在《从军行》中写下"黄沙百战穿金甲，不破楼兰终不还"这般血性文字的边塞诗人，一个曾远赴西鄙而屡遭贬谪至荒远、宦途坎坷不平而又功业追求极强的盛唐诗人，表面上的安逸生活难掩内心被黜的痛苦。

想来，此时野宴内的一道来自天堂杭州的"怀胎鲜鱼"，对于借酒消愁的王昌龄来说，似有"愁更愁"的意味。

今天能够见到并吃到的"怀胎鲜鱼"这一浙菜，主料为鲈鱼，辅料乃虾仁、青豆、火腿、香菇、鸡肉、鸡蛋，调料是盐、味精、料酒、水淀粉。烹制工序有三道：将鱼从背部开刀，取出鱼骨，虾仁、鸡肉、火腿、香菇均切成丁，虾仁和鸡肉中加入盐、味精、料酒、蛋清、水淀粉上浆备用；坐锅点火倒油，将虾仁与鸡肉滑炒变色取出，锅中留底油，下葱、姜煸香，依次放入虾仁、鸡肉、火腿、香菇、青豆，调入料酒、盐、味精炒匀后装入鱼腹中，再将鱼放入蒸锅中加葱、姜一起蒸8至10分钟；锅中加少许水，调入盐、味精、料酒，水淀粉勾芡淋在蒸好的鱼上即可。

古代的庖厨少有文化积淀者，清乾隆年间名厨、袁枚家的掌勺大厨师王小余系个例。其不光烹饪手艺高超，烧的菜肴香味散发，"闻其臭香，十步以外无不颐逐逐然"；而且有丰富的理论经验。袁枚的《随园食单》有许多方面得益于王小余的经验总结、真知灼见。王小余死后，袁枚专门写了一篇《厨者王小余传》纪念这位优秀厨师。王小余是中国唯一一位死后有传的古代名厨。唯因"唯一"，是故余者往往只有"依葫芦画瓢"的份。换言之，在饮食文化领域，常常文人出"理论"，庖厨出"实践"。

"治大国若烹小鲜。"睿智的老子用了一个经典的比喻，让人切切实实感觉到君主或政治家与庖厨十分相似。牧民者离不开幕僚。

其实，像"怀胎鲜鱼"的出名缘于昌龄先生的出名，无他。

饮食是一种文化，烹饪是一门艺术。真正上得了台面的好菜，配料应该是大有讲究的，绝不会有类"怀胎鲜鱼"那"拉郎配"样的偶然甚或"荒唐"。

南宋时期有一道宫廷名菜谓"鳖蒸羊"，作为嗣后跻身"满汉全席"的一员，在辗转"创作"的过程中（原为素食），古代文人是颇费心机的。

"鳖"为鱼中之珍，属江南滋阴大补菜，可腥味太重。"羊"乃肉中之贵，王安石《字说》解释道："从羊从大，大羊为美。"确实，宋代从皇宫到民间均以品羊肉为美事，但膻味煞烈。

然而，奇怪的是，只要鳖羊一起蒸煮，"相生相克"，居然马上腥去膻除，恰如汉字"鲜"的形象再现。

由中国的名菜谈及中国的民主，有出奇的相同点，中国社会与民主之关系是当如"鳖蒸羊"之"鳖""羊"之相互依赖、彼此制约、协同进化，还是当若"怀胎鲜鱼"之大鱼、小鱼之"乔太守乱点鸳鸯"之偶合？想必答案是唯一并显而易见的。

想到东学西渐，想到西学东渐……

曾几何时，在我国民歌向何处去的十字路口，出现了一种"混合"歌曲，它融中国民歌和西方摇滚乐为一体，在保持"信天游"婉转动听等本质属性的同时，汲取了摇滚乐的快节奏，从而将汉语音律长短平仄的韵味美的优势发展到最大限度，使聆听者莫不叹为"闻"止。

文人王昌龄炮制"怀胎鲜鱼"，仅仅是因雅兴之"无心栽花"。"无心栽花"与"有心插柳"是有本质区别的。

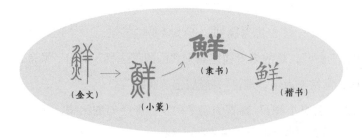

"东坡肉"以猪肉为主要食材，兼备色泽红亮，味汁醇浓，香糯不腻，酥烂不碎的特点。一块小小的"东坡肉"名扬杭州乃至华夏，因与西湖十景之"苏堤春晓"一个颇具深意之小插曲有关。

 与 "东坡肉"

又名"滚肉"的"东坡肉"是江南汉族传统名菜，属中国"八大菜系"之浙菜系，以猪肉为主要食材。此菜兼备色泽红亮，味汁醇浓，香糯不腻，酥烂不碎的特点。

一块小小的"东坡肉"名扬杭州乃至华夏，因与西湖十景之"苏堤春晓"一个颇具深意之小插曲有关。

宋哲宗元祐四年（1089）一月三日，苏轼知杭州。翌年春夏之交，浙西一带大雨不止，太湖泛溢，庄稼被淹，由于及早采取有效措施，人们度过了最困难的时期。他还组织民工疏浚西湖，利用浚挖的淤泥筑堤，杭州百姓十分感激，遂将此堤命名为"苏堤"。而听说其在徐州及黄州时最喜欢吃红烧肉，于是许多人上门

送猪肉。苏东坡收到后，便指点家人将肉切成方块，然后烧制成熟肉，分送给参加疏浚西湖的平民，大伙儿都亲切地称之为"东坡肉"，此后成为杭州的一道名菜流传至今。

《徐州市饮食行业志》有道："'东坡肉'创制于徐州，完善于黄州，名扬于杭州。"

只是，徐州任内创制的红烧肉名曰"回赠肉"。宋神宗熙宁十年（1077）四月，苏轼知徐州。八月二十一日，黄河于澶州曹村决堤，徐州危在旦夕，上任不久的东坡亲荷畚锸身先士卒，以70多个昼夜的艰苦奋战保住了城池。为表达感激之情，城居者纷纷杀猪宰羊，担酒携菜上府慰劳。苏轼盛情难却，嗣后指点家厨烹成红烧肉回赠抗洪的百姓。

黄州任内创制者并无美称。元丰三年（1080）二月一日，苏轼被贬黄州任团练副使，黄州通判马梦得为朋友，协助安顿之际请得位于黄州东坡的旧营地。于是乎，他在开荒种地之余始自号"东坡居士"。"居士"一词既指旧时出家人对在家信道信佛之人的泛称，古代有德才而隐居不仕或未仕的隐士；亦是文人雅士的自称，诸如欧阳修自称六一居士，文徵明自称衡山居士，翁同龢自称瓶庐居士……宋人周紫芝《竹坡诗话》有语："东坡性喜嗜猪，在黄冈时，尝戏作《食猪肉诗》云：'慢着火，少着水，火候足时他自美。每日起来打一碗，饱得自家君莫管。'"

就此而言，"名扬杭州"符合史实。

苏轼乃宋代最重要的文学家之一，其诗与黄庭坚并称"苏黄"，其词与辛弃疾并称"苏辛"，且工书画。

　　然而，在"饮食男女"的心目中，生活或曰活着比文学更重要。因而，人们大多津津乐道于"东坡肉"的传说；因此，"俯下身子给人民当牛马"的人，"人民永远记住他"。

　　其实，历史上的苏轼是个"英雄难过美人关"的大文豪。

　　梁春荣《从音乐的角度探究宋词的兴衰》有论："北宋时期，城市经济的繁荣带来了世俗文化的兴盛，勾栏瓦肆、文人的诗酒之会，成为了宋词广泛传播的理想场所。在这些诗酒之会上大多有歌妓唱词来娱乐助兴，也使得歌妓成为了曲词的首批读者和传播者，如词人晏几道《小山词自序》中说：'始时，沈十二廉叔，陈十君龙，家有莲、鸿、蘋、云，品清讴娱客，每得一解，即以草授诸儿。吾三人持酒听之，为一笑乐。'……《武林旧事》也描绘了歌妓唱词的盛况：'歌管欢笑之声，每夕达旦，往往与朝天车马相接，虽风雨暑雪，不少减也。'一首好词往往通过歌妓的即时吟唱、声口相传，由此及彼，迅速遍及大江南北。"

　　词牌依字数来归纳种类繁多，诸如有两字的"探春"，三字的"风流子"，四字的"西施愁春"，五字的"玉女摇仙佩"，六字的"霓裳中序第一"，七字的"凤凰台上忆吹箫"等，事实上，我们常常吟诵的词牌名大都与妓女有关："'忆秦娥''念奴娇'中的秦娥、奴娇，是被风流诗人追思的两个青楼女子的名字；而像'长相思''浪淘沙''望江南'

▲　清·蒋莲《西施浣纱图》

'虞美人'，这些原本就是唐代教坊的曲名，由官妓为达官贵族演绎，后来才用为词牌。"

唯其如此，词人狎妓屡见不鲜。

问题是，不仅像柳永、秦观这样的才子，连苏东坡也染指其间，其在徐州时有名马盼者，在黄州时有名李琪者，在杭州时有名秀兰、琴操、朝云者……苏轼研究专家孔凡礼先生《苏轼年谱》有载："《燕石斋补》谓朝云乃名妓，苏轼爱幸之，纳为常侍。"《饮湖上初晴后雨》中由"水光潋滟晴方好，山色空蒙雨亦奇"引出的思考"欲把西湖比西子，淡妆浓抹总相宜"，实在是赞美妓女王朝云一曲舞罢后浓妆洗净、黛眉轻扫、朱唇微点而清丽淡雅、楚楚可人的情景。

那么，苏东坡狎妓的不光彩经历，为何除了研究之需或"文人无行"之余的"文人相轻"外，绝不为"街谈巷语"而津津乐道呢?

窃以为，人们的宽容大抵出于两点——

其一，"金无足赤，人无完人"。样板戏里的杨子荣、阿庆嫂、李玉和之类是戏子出身的江青的"高大全"思维，盖因"毫无自私自利之心"的"一个高尚的人，一个纯粹的人，一个有道德的人，一个脱离了低级趣味的人"现实生活中是几乎不存在的，个例除外。

其二，"物以类聚，人以群分"。比如王朝云，虽为妓女之身，却有淑女之魂。据说，苏东坡在杭州三年之后官迁密州、徐州、湖州，颠沛流离，因"乌台诗案"贬为黄州团练副使期间，王朝云始终相随。尽管"今年刈草盖雪堂，日炙风吹面如墨"，王朝云甘愿与苏东坡共患难而布衣荆钗，她悉心为苏东坡调理生活起居，还用黄州廉价的肥猪肉微火慢炖出色香味形俱佳的大块肉给苏东坡佐餐养身。而这就是后来闻名遐迩的"东坡肉"之"雏形"。北宋元祐九年（1094），王朝云随苏东坡谪居惠州，第三年亡故并葬于惠州西湖孤山。苏东坡亲撰《墓志铭》："浮屠是瞻，伽蓝是依。如汝宿心，唯佛是归。"写下《悼朝云》：

苗而不秀岂其天，
不使童乌与我玄。
驻景恨无千岁药，
赠行惟有小乘禅。
伤心一念偿前债，
弹指三生断后缘。
归卧竹根无远近，
夜灯勤礼塔中仙。

诗歌寄托了对朝云的深情和哀思。

眼下系自媒体时代。

普通大众经由数字科技与全球知识体系相连之后，他们身边的新闻快速得到传播。那是"当官不与民做主"者的舆论坟墓，贪官徐才厚、令计划、苏荣之流一个不能幸免，有风流韵事者则"雪上加霜"。

不唯今人，古人同样在恢恢互联网之民意审判之下。

总是与妓女打得火热的苏东坡的

▲ 清·费丹旭《仕女图》

幸免说明——

历史是扇两面门！

历史是杆公平秤！

饮食与习俗有关，习俗与风尚有关，风尚与文化有关，是故，有"饮食文化"之说。

更为重要的是，谈到"文化"，不能不涉及"文明"。

"所谓'文明'，具有三个基本特征：借助科学、技术等手段来改造客观世界，通过法律、道德等制度来协调群体关系，依靠宗教、艺术等形式来调节自身情感。唯其如此，人类才可能有对真的探索、对善的追求、对美的创造。从这一意义上讲，人类文明有着统一的价值标准。而所谓'文化'，则是指人在改造客观世界、在协调群体关系、在调节自身情感的过程中所表现出来的时代特征、地域风格和民族样式。由于人类文明是由不同的民族、在不同的时代和不同的地域中分别发展起来的，因而必然会表现出不同的特征、风格和样式。"

华夏文明、古希腊文明、古罗马文明、印度文明、玛雅文明等各显个性，但无不同存真、善、美文明社会的共性。

文明的历史是人类得到缓慢而痛苦的解放的历史。

"东坡肉"，毫无疑问是苏轼超越封建制度局限，人造出来的真、善、美之"文明"载体！

初名「福寿全」的招牌菜一启封，浓香夺坛而出，食者闻香下马，有个秀才还即兴赋诗云：「坛启荤香飘四邻，佛闻弃禅跳墙来。」诗有「诗眼」，菜有「菜眼」，名菜匠心命名夺人眼球，如「佛跳墙」。

周莲 与 "佛跳墙"

福州市有一座人称"番钱仔局"的老宅子，前几年不幸给拆除了，那是官办银元局，即所谓官银局。光绪二十年（1894）至民国三年（1914）的20年间，这里均为福建管理铸币的金融机构。人们在痛心疾首于历史建筑消失的同时，可能没有想到，另一种隐形文化"建筑"是无法泯灭的。据说，这官银局"孕育"过一道首席闽菜，或曰闽菜系中居首位的传统饮食名肴"佛跳墙"！

"后街三坊朝七巷"，这是榕城人的一句顺口溜。三坊：衣锦坊、文儒坊、光禄坊。七巷：杨桥巷、郎官巷、塔巷、黄巷、安民巷、宫巷、吉庇巷。"三坊七巷"为福州的历史之源、文化之根，自晋、唐起，便是贵族和士大夫的聚居地。杨桥巷古名登俊坊巷，是七巷当中最北面的一条巷。清末福州杨桥巷官银局的一位官员在家中宴请布政司长官周莲，竟然让夫人亲自下厨，因为简称布政司的承宣布政使司长官布政使，官从二品，掌管一省的民政、田赋、户籍，权高位重。

官员夫人为绍兴人，她选用鸡、鸭、羊肉等20多种原料放入陈年绍兴酒中，精心煨制成荤香的菜肴，周莲尝后赞不绝口。

孔子在《礼记·礼运》里讲："饮食男女，人之大欲存焉。"凡是人的生命，不离两件大事：饮食、男女，即吃和性。所谓饮食，等于民生问题；男女，则属于康乐的问题。《孟子·告子上》中说："告子曰：'食色，性也。'"饮食男女，这是本性。

封建官吏的饮食绝非普通百姓的温饱型，其许人爱美食，就像老鼠爱大米。

事后，周莲带衙厨郑春发到官银局取经。回衙后，郑春发精心研究，在用料上加以改革，多用海鲜，诸如海参、鱿鱼、干贝、鱼肚、鱼唇，外加鸡、鸭、猪肚、羊肘、蹄筋、火腿、鸽蛋、笋尖、香菇等。

郑式"佛跳墙"加工烹调过程要求极其严格：

1 首先根据各原料的情况分别蒸煮好；

2 然后配上佐料冰糖、姜、葱、桂皮、福建老酒、茴香；

3 装入坛中，盖上荷叶，再用玻璃密封；

4 以旺火烧开后改文火煨之，务必达到烂而存形、味中有味，食之香留齿颊而终生难忘的境界。

这道菜"红杏出墙"是由于郑春发掌握了秘诀后起了自立门户凭手艺发家致富的念头。他辞去衙厨差事，租了一间门面房开办聚春园菜馆，又煞有心机地在一次文人聚会时送上此招牌菜。初名"福寿全"的招牌菜一启封，浓香夺坛而出，食者闻香下马。有个秀才即兴赋诗云："坛启荤香飘四邻，佛闻弃禅跳墙来。"

郑春发虽大老粗一个，不甚通文墨，但"近朱者赤，近墨者黑；声和则响清，形正则影直"。周莲生于何年说法不一，从他"民国九年（1920）病殁，年70多岁"推断，大约为咸丰元年（1851）生，字子爱，号叔明，一作莲叔，又号廉叔、巳山，华亭（今上海松江）人，祖籍贵州贵筑（现贵阳）。其幼有神童之目，工诗文；画梅尤纵横如意，累百十幅靡有雷同；书兼四体，铁笔秀洁，婉折多姿。光绪二十五年（1899）后调福建按察使又改任布政使。郑厨师于周布政使衙府当厨，耳濡目

▲ 佛闻弃禅跳墙来

染，无师自通，一听秀才诗句，遂附和众人公议将此菜改名为"佛跳墙"，嗣后百余年来风靡省内外，享誉港澳台。

诗有"诗眼"，苏轼《次韵吴传正〈枯木歌〉》："君虽不作丹青手，诗眼亦自工识拔。"文有"文眼"，刘熙载《艺概·文概》："揭全文之旨，或在篇首，或在篇中，或在篇末，在篇首则后必顾之，在篇末则前必注之，在篇中则前注之后顾之。"饮食作为文化，大抵可以类推，菜有"菜眼"，也就是说，名菜匠心命名夺人眼球，如"佛跳墙"。

现实中，佛常常让人在素食和荤腥中徘徊踟蹰。

佛教强调和鼓励素食是基于慈悲的立场，不是现代人为了健康和经济的原因。大乘经典如《梵网经》《楞严经》等都强调素食，严禁肉食。佛家规定，吃了荤菜，按照比丘戒律要单独居住，或者距离他人数步以外并位于下风而坐，或者必须漱口至没有恶臭为止，这主要是为了不扰乱别人的清修生活。

《水浒》第四回后半部分《鲁智深大闹五台山》以文学的形式来反映或曰观照现实——

鲁智深在拳打镇关西后，为避祸出走而又遇到了金老父女，他就在金老女婿的关照下入五台山文殊院落发为僧。智真长老为其说偈赐名："灵光一点，价值千金。佛法广大，赐名智深。"他从此有了安身之处，过起隐姓埋名的日子。可是在寺里他耐不得寂寞，不学坐禅，而喝酒吃肉，一时性起还打坏金刚，大吐一场。酒醒后他很是后悔，方丈因为赵员外的面子把他打发到大相国寺。

佛教什么时候开始吃素？

据说，"佛初弘法时，是在半高山地，肉食为主。待佛法深入人心，再转小为大，深入阐析断五辛与肉的义理。在《楞严经》《楞伽经》《地藏经》等诸多经典中，说得非常详尽。佛法初传中国时，若要学佛者当下断肉，则少有学者。待中土戒律初备，加之汉地中原较高山食物丰富，南朝梁武帝才有断肉之倡，并得以普遍推行，深合经旨，功德无量"。

陈寅恪《冯友兰中国哲学史下册审查报告》有言："释迦之教义……与吾国传统之学说，存在之制度，无一不相冲突。输入之后，若久不变易，则决难保持。是以佛教学说，能于吾国思想史上，发生重大久远之影响者，皆经国人吸收改造之过程。其忠实输入而不改本来面目者，若玄奘唯识之学，虽震动一时之人心，而卒归于消沉歇绝。"

佛教传入中土之初，与中土的传统文化有一个既矛盾又融合的过程。诸如在乞食制、剃发制、不拜父母方面就与中土文化发生了激烈的冲突，引发了长久的争辩。中土佛教的历代祖师们大多没有照搬古印度佛教戒律，而是对古印度佛教的戒律进行了细致的疏解，使之适应中土的社会环境。

吃素斋是一次心灵朝圣之旅，但品荤食有时亦是一种味觉升华之感，其魅力大到何种程度？"佛闻弃禅跳墙来"之"佛跳墙"之文学夸张中当有生活之真实基础!

在荤食与戒律的严重对立里,"佛"的反叛堪称点"睛"之"笔",让思绪在想象中思索华夏民族和华夏文明的发源地。

中外饮食文化都是文化,会有异曲同工之处。

说是郑春发"精心研究,在用料上加以改革",估计还可能有另一种情况,那便是"佛跳墙"的"20多种原料"太多,一时不容易记,尔后郑厨子自由发挥所致。

国人大多知道有个以屋顶作为显著标志的必胜客,店内所卖的比萨饼价格不菲,却常常门庭若市。可能食客不知道比萨饼有一个饶具趣味的故事:"古时候,有个叫马可·波罗的意大利旅行家来到中国,很喜欢吃中国菜,对烙饼、馅饼之类更是赞不绝口。回国后,他便开始自己做中国菜吃,也做中国饼。当他和好了面,调好了肉馅,打算做馅饼的时候,发现忘了馅是怎么放进饼里去的,想了半天也没想出来,最后只好把馅就放在饼子上面去煎或烤,后来又尝试着将奶酪和鱼、肉、菜等馅放在面饼上去烤,于是'创制'出比中国馅饼的花样还多的比萨饼。"

不过,"比萨饼"从前是外国穷人吃的一种用面粉加疏菜做的饼子,后来生活条件改善了,种类越来越多,质量也不断提高,尤其在那不勒斯,成为了富人的美食。"佛跳墙"则不同,是从富人的宴会走向大众的餐桌。

从一个民族的餐桌上可以看出这个民族的所有,包括前世、今生与未来。

▲ 佛跳墙

白嫩嫩的鱼头肉被火辣辣的红剁椒覆盖着，热腾腾而清香四溢。一道菜，中华传统文化扑面而来，除了回味悠长的美食，还有让人浮想联翩的『中国红』及『黄宗羲与「剁椒鱼头」』的故事，这是名菜的『软实力』。

黄宗羲 与"剁椒鱼头"

红白相间而色彩夺目的"剁椒鱼头"是湖南湘潭以及湘赣交界地方的一道汉族传统名菜，属于"湘菜"。其集鱼头的"鲜"和剁辣椒的"辣"为一体，风味独具一格。

它的来历和明末清初著名反清文人黄宗羲（1610—1695）有关。有清一代，禁止对统治不利的思想言论而制造因言论获罪的案件多得空前绝后。据说，康熙年间，梨洲先生为躲避"文字狱"从浙江逃到湖南某个小村子，借住在一户"风能进，雨能进，国王'更'能进"的贫苦细农家。一天，买不起菜的主人正在为晚餐苦恼之际，懂事的儿子千方百计在晚饭前捞了条河鱼回家。于是，女主人就在鱼肉里面放了点盐煮汤，再将家产的辣椒剁碎后与鱼头同蒸。吃腻了"浙菜"的黄宗羲品尝后觉得非常鲜美，从此就对鱼头情有独钟。避难结束后他返回故里，还让家厨加以仿制，以解"湘菜"之馋。

黄宗羲与王夫之（1619—1692）同时代，并同为反清义士。

在清兵南下滥杀无辜时，黄宗羲招募义兵，成立"世忠营"，进行武装抵抗。明朝（包括南明小朝廷）彻底覆亡后，他屡次拒绝清廷征召或曰招安，隐居起来潜心著述。

明亡后，王夫之在家乡衡山举兵起义，阻击清兵南进，战败后退守肇庆，又至桂林投民族英雄瞿式耜，及至桂林陷落，瞿式耜殉难，他辗转湘西各地，隐居深山古洞，刻苦研究而勤恳著述达40年，是罕有的服华夏衣冠"完发而终"者。

说湖南人王夫之与浙江人黄宗羲"天生有一根反骨"是因为均嗜好鲜辣有机一体的鱼头，那是牵强附会；但讲由于黄宗羲的特殊身份亦或与王夫之的"共性"使得"剁椒鱼头"这一农家菜的名气"更上层楼"，走出湖南走向全国走向世界，那还是基本可信的。"国人吃饭，吃的是概念。通俗地说，吃的是文化或曰形而上的精神大餐。这使饮食问题具有了社会性，包括艺术性甚至政治性，而不光是一种形而下的生理活动。"

民间有另一种传说，认为与"剁椒鱼头"有关的是黄宗宪，不是黄宗羲。估计持此论的人们考虑到前者是湖南新化县城井头街人，可除了籍贯并未思忖其由左潜参定的数学著作《求一术通解》出版于1874年，康雍乾早成为过去式，而那道名菜的故事发生在康熙时期（也有说乾隆年间）。有关数学家黄宗宪的生卒年已无从考，但我们清楚1874年是甲戌年，是清穆宗同治十三年，"人生七十古来稀"的封建时代，一个人的生命之河不可能那样长！

当然，从另一个层面，这种张冠李戴也可以看出"剁椒鱼头"在"湘菜"中的突出地位。

▲ 现代·蔡铣
《鱼嬉图》

干辣椒粉

曝晒的白辣椒

剁辣椒

　　在湘菜中鱼头菜历来是经典菜品。"剁椒鱼头"由于野鲜粗犷与辣味生猛的特点，制作的关键除了要选用3斤以上的鳙鱼头之外，还必须用湖南本地的剁辣椒。

　　有关资料表明："早在明末清初，花椒、茱萸等烹饪香辣调料因各种原因逐步退出湖南餐桌，得到广泛种植的辣椒成为湖南艰苦自然条件和生活环境不可或缺的'开胃调料''治病良药''下饭菜'。但湖南新鲜辣椒供应期主要为6到10月，于是盐渍的酱辣椒、曝晒的白辣椒、铡切的剁辣椒及干辣椒粉等纷纷出现。在湖南，出现用剁辣椒或干辣椒蒸鳙鱼头的做法，至迟在清代中晚期。"

"剁椒鱼头"的具体烹饪过程是：

1 将鱼头洗净，去鳃，去鳞，从鱼唇正中劈开，使鱼头展开成一条直线；

2 把盐、味精、料酒、胡椒粉均匀涂抹在鱼头上，腌制20分钟左右；

3 在盘底放姜、蒜米，摆上鱼头，再平铺剁椒于其上并搁切好的姜丝，待水开后上锅蒸20分钟左右；

4 见鱼眼鼓起突出，撒上葱姜蒜末且淋上烧热的熟油即可。

在"剁椒鱼头"的基础上，长沙曾创制出"酱头椒鱼""黄金鱼头""双味鱼头""鸳鸯鱼头"等品种。

然而，品牌毕竟是品牌，是具有经济价值的无形资产，其用抽象化的、特有的、能识别的概念来表现差异性，从而在人们的意识当中占据一定位置。后来者要想取代"剁椒鱼头"，谈何容易？

《长沙晚报》于第23届中国厨师节报道过一则题为《36.4斤"剁椒鱼头"创世界纪录》的新闻："作为此次厨师节的最大亮点，'剁椒鱼头王'申创吉尼斯世界纪录备受瞩目。……用来制作这份特殊的'剁椒鱼头'的鳙鱼，来自张家界慈利江垭水库，长1.3米，重102斤，这条鳙鱼在水库里至少生长了30年，号称'鳙鱼王'。现场宰杀后，鱼头重达36.4斤。此外，组委会还特地定制了直径1.68米的醴陵大瓷盘和直径2.4米的大蒸锅。用如此巨大的鱼头做剁椒鱼头，去腥、入味很关键。许菊云的徒弟汤红卫介绍，鱼头经过特殊熬制的姜蒜调料水腌制10分钟后，再加入50斤湖南剁辣椒、30斤鲜红辣椒，以及姜米、蒜米、油等，光调料就用了100多斤。猛火蒸1小时30分左右，而一般的鱼头只要蒸20至30分钟。9时许，红星会展中心外广场弥漫着扑鼻的香气。9时30分，'主角'终于出炉，经过起锅、摆盘后惊艳亮相，并成功创下吉尼斯世界纪录。随后，'剁椒鱼头王'进行了现场爱心拍卖，起价1000元，10家湖南餐饮企业竞拍，最终长沙餐饮企业力力渔港以13.2万元拍得。所得善款捐赠给了来自常德的贫困学子，而鱼头则送给现场市民品尝。"

品牌不是靠广告与炒作能打造出来的！

"文化搭台，经济唱戏"，是改革开放以来各地以办"节"的形式招商、推介具有地方特色的产品、促进地方经济发展、宣传和打造整体形象的活动。"搭台"是形式与条件，"唱戏"是内容与目的。这种"经济性节庆活动"功利性实在太强，打上了深深的政绩烙印，与品牌的文化内涵积淀不是

▲ 明·缪辅《鱼藻图》

一回事。

　　白嫩嫩的鱼头肉被火辣辣的红剁椒覆盖着，热腾腾而清香四溢。"湘菜"举世无双的香辣可口，在"剁椒鱼头"上得到了完美体现，这是名菜的"硬实力"。一道菜让中华传统文化扑面而来。除了回味浓郁的美味，还有让人浮想联翩的"中国红"及"黄宗羲与'剁椒鱼头'"的故事，这是名菜的"软实力"。

　　"硬实力"与"软实力"的自然结合，是"剁椒鱼头"乃至一切名菜成功的秘诀！

「歆味」系徽菜的前身，而「雪天牛尾狸」讲的是徽菜中的名菜「红烧果子狸」。享用美食，堪为天赋人权，可不能否认赵构在「国将不国」之「危急存亡之秋」仍「问歆味」，有失「老祖宗」在饮食文化上的「自守之道」。

 汪藻 与 "红烧果子狸"

史书关于徽菜的最早记载大约见于《徽州府志》："宋高宗问歆味于学士汪藻，藻以梅圣俞诗答曰：'沙地马蹄鳖，雪天牛尾狸。'"

汪藻（1079—1154），两宋之交文学家，字彦章，号浮溪，又号龙溪，饶州德兴（今属江西）人。其为汪谷之子，先世籍贯婺源（自公元前221年到新中国成立前属安徽管辖，今是上饶市下辖县之一），时以显谟阁学士（宋官名。显谟阁，元符元年即1098年建，藏神宗御集；建中靖国元年即1101年改名为熙明阁，旋仍用原名，置学士、直学士、待制等官）知徽州府。

梅圣俞即梅尧臣（1002—1060），圣俞乃字，宣州宣城（今属安徽）人，北宋著名现实主义诗人，世称宛陵先生。其原诗可见之于《宛陵集》卷四三《宣州杂诗二十首》："吾乡虽处远，佳味颇相宜。沙地马蹄鳖，雪天牛尾狸。寄言京国下，能有几人知？"

"歆味"系徽菜的前身，而"沙地马蹄鳖，雪天牛尾狸"讲的是徽菜中的两道代表性名菜"清炖马蹄鳖"与"红烧果子狸"。

"红烧果子狸"，咸甜味，色泽金红、汤汁稠亮、肉酥醇香，十分可口。

"红烧果子狸"的制作过程为：

1 将果子狸肉用温水泡软后洗净，剁成四厘米见方的肉块；

2 放入盛有第二遍淘米水的锅中，大火煮滚，捞出沥干；

3 新鲜徽州特产雪梨洗净切成橘瓣块；

4 烧热锅下油至六成熟时，放入狸肉炒透，加水与肉平，再加冰糖、黄酒、酱油、盐、葱结、姜块同煮；

5 待煮滚后改用小火烧至八成烂时，拣去葱结、姜块，放入梨块；

6 至梨酥烂时，转用大火烧至汤汁黏稠，出锅装盘即可。

此菜营养丰富，含有蛋白质、脂肪、胡萝卜素和钙等多种营养成分。只是其中的辅料梨绝不能与螃蟹和鹅肉同食，不然容易引起胃肠不适。

"果子狸"又名牛尾狸、玉面狸、白额灵猫，形似狸猫，比猫稍细长，毛皮呈淡黄或灰棕色，鼻和眼部有白斑，尾似牛尾，身有豹纹，栖息山中，善攀援、喜食梨。它肉质细嫩，有异香，味美，是皖南山区冬季野味之佼佼者，800年前即是"歙味"的代表。

动物学家以为"牛尾狸"属于食肉目灵猫科花面狸属的一种珍贵的野生动物，它被称为"果子狸"，想来与喜食梨有关。至于烹饪之际需以梨为辅料，圈外人士更把它当作其"以食果为主"的明证。明人李时珍《本草纲目·兽二·狸》："狸有数种……南方有白面而尾似牛者，为牛尾狸，亦曰玉面狸，专上树木食百果。冬月极肥，人多糟为珍品，大能醒酒。"

有关资料表明："'果子狸'野外分布于中南半岛、印度尼西亚、缅甸、印度、不丹、尼泊尔以及中国华北以南的广大地区，北起北京西郊、山西大同、陕西秦岭山地、川西一直到西藏南部的喜马拉雅，南到台湾、海南岛和云南南缘，其中指名亚种分布于东南部各省；台湾特有亚种，分布由低至高海拔山区皆有，但中低海拔山区及开垦地为主。"

唐人段成式《酉阳杂俎续集·支动》："洪州有牛尾狸，肉甚美。"古时江西南昌、河南辉县分别称洪州。宋人苏轼《送牛尾狸与徐使君》："风卷飞花自入帷，一樽遥想破愁眉。泥深厌听鸡头鹘，酒浅欣尝牛尾狸。通印子鱼犹带骨，披绵黄雀漫多脂。殷勤送去烦纤手，为我磨刀削玉肌。"林语堂先生说："苏东坡有魅力，正如女人的风情，花朵的美丽与芬芳，容易感受，却很难说出其中的成分。"元丰三年（1080）二月一日，苏轼贬谪黄州，在这一位于湖北省东部、大别山南麓、长江中游北岸的地方开始了4年又4个月的人生历程。这个于政治风暴中有点偏执狂的文人、不合时宜的醉人、热爱美女的男人，来到这荒野蛮夷之地，短暂的孤寂与痛苦，调动了他敏感的神经，迸发出跳跃性的思维，使他迅速融入当地的生活之中，并非常诗意地活下来，而且活得很超脱。哀伤的时候超然豁达，快乐的时候浪漫潇洒，他寻觅到了远离政治漩涡的人生乐趣与超脱的自由。隆冬时节，大雪纷飞，赋闲在东坡雪堂的他，用

▲ 果子狸

猎人送来的"牛尾狸"亲自下厨烧制，饮酒赏雪，觉味佳，便送好友黄州府太守徐猷一只并赋诗。

因为该物种已被列入中国国家林业局2000年8月1日发布的《国家保护的有益的或者有重要经济、科学研究价值的陆生野生动物名录》，所以中国的江西、广西、海南、福建和广东等地都在大量进行人工饲养，以供徽菜餐饮之需。

除汪藻推荐的"红烧果子狸"之外，还有另一个版本。

宋人罗大经《鹤林玉露》卷十一（乙编·卷五）记录："杨东山尝为余言：昔周益公、洪容斋尝侍寿皇宴。因谈肴核，上问容斋：'卿乡里何所产？'容斋，番阳人也，对曰：'沙地马蹄鳖，雪天牛尾狸。'又问益公。公庐陵人也，对曰：'金柑玉版笋，银杏水晶葱。'上吟赏。又问一

▲ 宋·赵佶《文会图》局部

侍从，忘其名，浙人也，对曰：'螺头新妇臂，龟脚老婆牙。'四者皆海鲜也，上为之一笑。某尝陋三公之对。昔某帅五羊时，漕仓市舶三使者，皆闽浙人，酒边各盛言其乡里果核鱼虾之美。复问某乡里何所产，某笑曰：'他无所产，但产一欧阳子耳。'三公笑且惭。"

"欧阳子"者，"欧阳修"也。"三公笑且惭"，其中有些许"知耻"，是否"而后勇"就不得而知。

对于不同的历史版本，笔者比较倾向于"汪藻说"，一则从生卒年思忖，二则从祖籍考虑。尽管"果子狸"不唯安徽独有，洪迈的家乡江西鄱阳亦有，但独具特色的赣菜由南昌、上饶、九江、赣东、赣南五大流派互相渗透而成，不在"八大菜系"之列。"红烧果子狸"毕竟为徽菜，属"歙味"。

当然，为官清廉而"通显三十年，无屋庐以居"的汪藻在难逃"山河破碎风飘絮"之宿命的南宋，实在是没有宋高宗赵构那份"问歙味"的雅兴。罗大经作为后学大概有意张冠李戴，以"他无所产，但产一欧阳子耳"与"三公笑且惭"来讽谏。

历史上的南宋经济极为发达，海外与国内贸易远远超过其他朝代，政治上颇为开明：知识分子拥有较高的社会地位，还有很大的言论自由度，因言获罪当为天方夜谭。然而，这样一个相对文明与先进的朝代，却被野蛮与落后的蒙古帝国灭亡。

专制、威权、民主之间的界限有时太模糊，文明与野蛮、先进与落后之间的界定有时太简单。历史的假象往往会欺骗善良的人们。

享用美食，堪为天赋人权。何况权力与应酬从来都是相伴相生的。可不能否认赵构在"国将不国"之"危急存亡之秋"仍"问歙味"，实在是太不懂得"老祖宗"在饮食文化上的"自守之道"了。

▶ 宋仁宗夜批奏折

　　宋仁宗赵祯（1010—1063）则不同。其系宋朝第四位皇帝（1022—1063），生活简朴是出了名的。据传："一次，某官员献上人称'天下第一鲜'的蛤蜊，仁宗得知远道运来并花了28000钱，便拒绝享用。无独有偶。另一次，仁宗处理政务至子夜，腹中咕咕，想喝点热羊肉汤，但没说出口。翌日，皇后知道后劝他：'陛下日夜操劳，千万别忍饥挨饿让龙体受亏！'仁宗解释说：'随便索取，会成宫中惯例，我昨晚喝了羊肉汤，御厨就会夜夜宰杀羊儿，一年下来就是365只，伤财伤生，于心何忍？'"

　　看来，因了对某种良好品质的坚守，才有真正的太平"盛治"。

　　嘉祐八年（1063）三月二十九日，54岁的宋仁宗驾崩，朝野哭号。《宋史》记载："京师罢市巷哭，数日不绝，虽乞丐与小儿，皆焚纸钱哭于大内之前。"宋仁宗赵祯驾崩的讣告送到辽国后，"燕境之人无远近皆哭"，辽道宗耶律洪基大吃一惊地冲上来抓住南宋使者的手号啕痛哭："四十二年不识兵革矣。"遂率文武百官在宋仁宗画像前行跪拜礼深切悼念，并命人将宋仁宗穿过又赠送给他当作纪念的衣物整理埋葬，造了一座"衣冠冢"，还将宋仁宗的画像长期供奉在辽国皇宫内。

南宋之宋高宗不及北宋之宋仁宗之万一，当从"问歈味"思考起——

高宗何故有秦桧？

仁宗何故有包拯？

▲ 清·缪嘉惠《果花图》

第二章 食材

七滋八味食材为先

横行介士
猪脬 横行介士 豆腐
猪脬豆腐
泡菜
猪脬
横行介士
猪脬
豆腐
泡菜
猪脬
横行介士

当年慈禧所吃"安魂汤"的主料"猪脬"系猪的膀胱，具有止渴、缩尿、除湿之功效，常用于消渴、遗尿、疝气坠痛，阴囊湿疹、阴茎生疮。与孙思邈《大医精诚》所云之"凡大医治病，必当安神定志"如出一辙。

李莲英 与"猪脬"

美国著名学者塞缪尔·亨廷顿把世界分成了7个文明圈：西方文明、拉美文明、东正教文明、伊斯兰文明、中华文明、印度文明、日本文明。每个文明圈都会有积极面与消极面。太监是古代"中华文化圈"中被阉割生殖器后失去性能力、专供古代都城皇室役使的男性官员，又称寺人、阉人、阉宦、宦者、中官、内官、内臣、内侍、内监等。

慈禧太后宠信的李莲英堪称一代权监，曾与袁世凯互相勾结，借以大发横财，仅一次就接受人称"独夫民贼"或曰"窃国大盗"的袁项城的贿赂20万两白银。可大多数人只知道这位心术不正的总管太监有大量的地产，无数的玉器珠宝，却不知道其坏事干尽之余还有治病救人的"眼力"。

晚清最后10年，堪称"暗杀时代"，革命党人是行刺的主角。光绪三十一年（1905）九月，准备刺杀"五大臣"前夕，27岁的光复会会员吴樾写过一篇文章《暗杀时代》，疾呼："今日之时代，非革命之时代，实暗杀之时代也。"孟侠先生不幸事败牺牲后，国父孙中山有"爰有吴君，奋力一掷"之句。那时，炸弹是革命党人用于暗杀的利器，原因在于炸弹稍有初中物理与化学常识就能自己动手制造。一次，慈禧太后去寺院进香，路遇"革命党扔炸弹"而险些受伤，之后经常做噩梦，梦见身边的16名大内护卫个个成了乱党，连擅长形意拳的镶黄旗人金大海也是，每天夜里慈禧都会大叫一声从浅睡眠中惊醒，不光一身冷汗，还尿床。李莲英从太医处得知太后患的惊悸症是旧病复发，而要治好这睡眠不深而厌食与尿床的病，必须先食补她所忌讳的"猪脬"。于是，他马上想到了一个名叫孙思德的人。

光绪二十六年（1900）八月，八国联军攻入北京，慈禧仓皇西逃，一路上吓得食欲不振且夜夜尿床。在河北境内一个小村子，慈禧突然闻到一股奇香，"闻香下马"的她忙让李莲英找找这香味的来源。李莲英顺着香味来到孙思德的屋内，端了一锅汤去给太后充饥。也许是因为慈禧好久没有吃饱过了，竟然把一锅山药汤吃得干干净净。她一高兴，还取下手上戴的一个玉扳指，让李莲英赏给孙思德。那一夜，慈禧睡得特别香甜，破例没有尿床。第二天，慈禧神清气爽，让李莲英去找孙思德，要封他为御厨，不料孙思德一家已经不见踪影。

泌尿系统"残疾"而久"病"成良医的李莲英心知肚明，慈禧为了巩固地位一直标榜自己是天生凤命，不吃动物的"下水"，因为民间有个传说，凤凰最爱洁净，只食动物的肉，不吃动物的内脏。孙思德不逃走，一旦东窗事发，连他这个宠臣都脱不了干系了。

其实，当年慈禧所吃"安魂汤"的主料"猪脬"系猪的膀胱，具有止渴、缩尿、除湿之功效，常用于消渴、遗尿、疝气坠痛、阴囊湿疹、阴茎生疮。

▲ 慈禧

天知地知之外，李莲英大抵也知。

虽说"无巧不成书"，但在"前不巴村，后不着店"的小山村，哪有那么巧，老佛爷一病，便有了个与唐初著名医学家孙思邈名字相近的孙思德炖了一锅"安魂汤"？怎么会与孙思邈《大医精诚》所云之"凡大医治病，必当安神定志"如出一辙？

"猪脬"这种"食材"有多样烧制法：

◆ 宋人赵佶《政和圣剂总录》治渴疾，饮水不止："干猪胞（"胞"通"脬"）十枚。上剪破出却气，去却系着处，用干盆子一只，烧胞烟尽，取出研令极细。每服一钱匕，温酒调下，不拘时候。"

◆ 明人徐春甫《古今医统大全》治遗尿："猪脬一个，以糯米浸洗白净，入椒、盐于内，煮烂。切碎食，蘸茴香末吃，以好酒送下，空心临卧各吃一服，当饭为妙。"

◆ 明人钱大用《活幼全书》治小儿尿床及产后损脬遗尿："猪脬、猪肚各一个，糯米半升。将米入脬内，又将脬入肚内，烂煮。入盐、椒匀，如饮食日常服。"

◆ 明人李时珍《本草纲目》治疝气坠痛："猪脬一枚，放入小茴香、大茴香、破故纸、川楝子等分填满，入青盐一块缚定，酒煮熟食之，酒下。其药焙捣为丸，服之。"

◆ 明人胡濴《卫生易简方》治肾风阴囊痒："用猪尿胞火炙熟，空心吃，盐汤咽下。"

◆ 明人朱橚《普济方》治玉茎上生疮臭烂："猪胞一个，连尿，去一半，留一半。用新砖两只，炭火煅新砖，将偖胞连尿于砖上焙，不住子米回移放于两口砖上，轮流不歇，胞以尿干为度，研为末，入黄丹一钱。先用葱汤以鹅毛抹洗，以旧绵帛渗干，此药搽三五次立见效。"

药补不如食补。

食补是利用"食材"的独特营养功效结合个人身体情况,通过进补膳食增强抵抗力或曰免疫力,从而强健体魄、延年益寿。

小食材里有大讲究。仅就萝卜与生姜而言,民间便有"冬吃萝卜夏吃姜""上床萝卜,下床姜""晚吃姜赛砒霜,早吃姜赛鸡汤"诸经验总结。这是极具养生学价值的。

保健专家杜杰慧从中西医理论的角度指出——

萝卜含芥子油、淀粉酶和粗纤维,能促进消化、加快胃肠蠕动,还能止咳化痰。其味辛甘、性凉,而人的阴阳之气不光一年四季更替消长,就是在一天24小时中也一样,夜间的子时就像是一生当中的冬天,此时是人体内阴气最盛、阳气生发的时候,适合吃一些性凉的食物,以帮助阴气内收,让人有一个好的睡眠。冬令上吃的东西大多温热,外加体内积热较多,适当吃一些萝卜就能够清热生津、化热消痰。晚上不宜吃姜,因为姜生发阳气,无助于我们睡眠,对身体就有一定的危害;早上起来处于阳气生发的时候,吃一些姜,有助于精力的旺盛。

▲ 现代·于照《萝卜》

通过调整饮食种类和进食方法来维护健康,乃中国饮食文化的题中之义甚或精髓。

先秦或战国或西汉时期《黄帝内经》有言:"寒者热之,热者寒之。"凡是温热性的食物，适宜寒证或阳气不足之人选用；凡寒凉性食物，适宜热证或阳气旺盛之人选用。

温热性食物				
谷食类	蔬菜类	果品类	肉 类	鳞介类
高粱米、面粉、蚕豆、豆油、酒、醋	生姜、大蒜、大葱、韭、胡荽菜、芥子、胡萝卜、薤白	李、橄榄、木瓜、乌梅、栗、葡萄、大枣	鸡肉、雉肉、狗肉、羊肉、牛肉、鹿肉、猫肉	鲫鱼、鲥鱼、鲤鱼、海虾、鳝鱼、鲢鱼、胖头鱼、鲩鱼、泥鳅、鲍鱼

寒凉性食物				
谷食类	蔬菜类	果品类	肉 类	鳞介类
小米、荞麦、豆腐、豆豉、豆浆	苋菜、油菜、白菜、黄瓜、甜瓜、竹笋、芋头、茄子、丝瓜、冬瓜、蘑菇	菱、藕、甘蔗、白果、柿饼	兔肉、麋肉、鸭肉	黑鱼、鳗鱼、田鸡、螃蟹、鳖、龟、蛤子、牡蛎

平性食物				
谷食类	蔬菜类	果品类	肉 类	鳞介类
糯米、粳米、黑豆、黄豆、豌豆、豇豆	葫芦、南瓜	枇杷、青梅、花生	猪肉、雁肉、野鸭肉、鹅肉、鸽肉、燕窝	银鱼、乌贼、鲨鱼、青鱼、鳜鱼

对于一般食客来说，口味是吸引他们的第一要素；对于那些挑剔的"吃货"来说，食材才是第一位的，他们敏锐的味蕾会在第一时间品味出厨师在选材上的良苦用心。

好的食材背后必然有着悠久的饮食文化带来的悠长历史韵味，在享受优质食材带来的美味之时慢慢体味历史悠久的中国文化才是好食材的真正内涵。

李莲英在这一方面实在是行家里手。

一方水土养一方人，一方水土滋养一方食材。作为浙菜的"清蒸大闸蟹"，得数苏州阳澄湖体大膘肥、青壳白肚、金爪黄毛的"金爪蟹"

最好；作为川菜的"回锅肉"，得属成都土生土长的黑毛猪"成华猪"最佳……

北京的"门头沟大核桃"、上海的"张江腰菱"、天津的"东方大虾"、重庆的"永川皮蛋"、辽宁的"海参"、吉林的"松花江白鱼"、内蒙古的"黑木耳"、甘肃的"兰州百合"、青海的"冬虫夏草"、广西的"黄皮菜"、广东的"鹿舌菜"、福建的"海田鸡"、浙江的"西湖莼菜"、江苏的"如皋火腿"、江西的"鄱阳湖银鱼"、山东的"泰安板栗"、安徽的"黄山石耳"、河北的"口蘑"、河南的"郑州黄河鲤鱼"、湖北的"大头菜"、湖南的"溆浦鹅"、云南的"鸡纵"、贵州的"黑糯米"、四川的"天府花生"、陕西的"洋县香米"、宁夏的"枸杞"、新疆的"无花果"、西藏的"人参果"、黑龙江的"榛蘑"……

"橘生淮南则为橘，生于淮北则为枳，叶徒相似，其实味不同。所以然者何？水土异也。"千年之前晏子使楚之时讲的这个理，站在生物学的视点看不尽科学，但立于食材的角度说不无道理！

中国「泡菜」漂洋过海大概始于隋唐。随着对外通商的大力发展，美味得以共享。从此，很多国家的人都嗜食「泡菜」，比如巴尔干诸国，韩国更把它定为国菜，在 1988 年汉城第 24 届奥运会上甚至将其列作主食之一。

秦始皇 与 "泡菜"

美国《纽约时报》曾在《"泡菜"始于中国》一文中说，"'泡菜'是一种发过酵的蔬菜，创制于中国建造万里长城之时"，从而确认我国是"泡菜"的故乡，纠正了国外一些烹调专家认为"泡菜"源于德国的错误说法。此文指出，德国的那种有酸味的腌菜事实上是由鞑靼人从中国引进欧洲的，只是鞑靼人又进一步改进腌菜的方法，用盐代替米酒来使蔬菜发酵而已。

相传，秦始皇修筑工程浩大的万里长城，动用了数以万计的民工。当时衣不蔽体、饥不择食的百姓全都以蔬菜佐餐，但天长日久，蔬菜极易变味，吃了这种难以下咽的食物，民工们面黄体虚、骨瘦如柴，一时工程进度大受影响。一次，秦始皇视察长城工地，但见民工们个个步履跄跄、行动迟缓，不由龙颜大怒，举起御杖朝一民工打去，不巧人未敲着，倒把身旁一个侍从系在腰间的酒壶打破，米酒漏了一地，闻着这久违的酒香，民工们争先恐后地拿着干枯的菜叶与菜梗来蘸润，不想这菜边皮经米酒一浸润，竟然变得鲜香脆嫩、酸甜爽口。消息传开后，人们如法炮制，至此，"泡菜"才初露端倪。秦始皇哪里想得到，这一杖打出了个传世千古的名菜来。

▲ 秦始皇

而《中国陶瓷史》则指出："为巩固统治，始皇统一中国后下令拆除六国部分旧长城，将秦、赵、燕三国北边长城予以修缮而连贯为一。其时，从全国各地征百万劳工，夏天靠卷心菜和米麦充饥，冬季几乎无菜，便将库存的蔬菜以盐渍而并非米酒发酵；可那种盐渍的菜还不是泡菜，真正的泡菜是在有了泡菜坛之后。出土文物表明，三国时才有这种以陶土为原料的两头小、中间大、坛口外有封口水槽的器皿。"

这样一来，"鞑靼人又进一步改进腌菜的方法"，不就成了伪证了吗？

《孟姜女》又名《十二月花名》，是中国流传最广且影响最深的汉族传统民歌之一，其中有道："九月里来是重阳，重阳老酒菊花香，满满洒来我不饮，无夫饮酒不成双。"就当时酒乃寻常物而言，"秦始皇与'泡菜'"的传说还是可信的！

《诗经·小雅·信南山》第四章里有这样几句："疆埸有瓜，是剥是菹，献之皇祖。"大意是说，道路边种了瓜，把它剥了来做成泡菜献给皇祖。

到了后魏，"泡菜"的制作方法业已形诸文字，农学家贾思勰在《齐民要术·作菹、藏生菜法第八十八》中说："收菜时，即择取好者，菅蒲束之。作盐水，令极咸，于盐水中洗菜，即内（"内"通"纳"）瓮中。若先用淡水洗者，菹烂。其洗菜盐水，澄取清者，泻着瓮中，令没菜把即止，不复调和。"

清代才子、美食家袁枚的《随园食单·时节须知》里有"当三伏天而得冬腌菜，贱物也，而竟成至宝矣"的赞誉。仓山居士言之有理。

制作"泡菜"的过程一般有两步。其一，把精选的蔬菜洗净，将圆白菜切成斜方块，菜花分成小朵，黄瓜切成滚刀块，如是一一酌情分别对待，切成不同形状待用；接着在锅里加水煮沸，另备一大盆凉水，加工后的菜倒入沸水中煮一下，至五成熟时马上捞出投入凉水速冷，以保持蔬菜固有的鲜脆，煮汤要根据不同原料的特点及形状来决定沸水汆烫的时间。其二，调汁，这是决定"泡菜"酸甜味美的关键工序。先把适量水放入锅内，随即投进两小段干辣椒、两片香叶、五六粒丁香及少许食糖，旺火煮沸，3分钟后端离，待糖溶化再加醋精到酸甜适度，撒上些许精盐，凉后倒进腌菜瓮内，压以盘子，过24小时便可食用。

当然，上述制作"泡菜"的方法比较繁复，常人可能难以熟练掌握。还有一种简易的方法似乎值得推广：将所用蔬菜按各自特点切开放入盛器，倒沸水至淹没为止，焖15分钟，挤干水分入盘，撒上适量白糖、辣椒粉、味精和细盐，最后加入足量的醋，扣上盘子，1小时后淋上几滴麻油即可食用。

盖因蔬菜原料本身所含酶类物质和丰富的维生素C可以有效分解亚硝胺，阻断亚硝酸盐形成亚硝胺，我们大可不必担心吃泡菜而致癌。有关资料显示，一些外国厨师除了用"泡菜"的酸味作为佐料，还把猪肉、牛肉、羊肉、鹅肉、鸭肉或各种野味掺入其间，使之荤素配合，别有一番风味。美国马里兰州的"泡菜烧火鸡"便是用这种方法制成的，堪称"青出于蓝而胜于蓝"。

中国"泡菜"漂洋过海大概始于隋唐。随着对外通商的大力发展，美味得以共享。从此，很多国家的人都嗜食"泡

▲ 泡菜

菜"，比如巴尔干诸国——阿尔巴尼亚、波斯尼亚、黑塞哥维那、保加利亚、希腊、马其顿、塞尔维亚、黑山、克罗地亚、斯洛文尼亚、罗马尼亚、摩尔多瓦、乌克兰和土耳其，称之为长寿菜，韩国更把它定为国菜，在1988年汉城第24届奥运会上甚至将其列作主食之一。

韩国农林水产部曾给韩国"泡菜"起了个"辛奇"的汉字名，并且扬言已经在中国申请注册商标。此举是为了强化其在"中华文化圈"的市场地位，配合"泡菜和越冬泡菜文化"申请人类非物质文化遗产。

不禁想到了先前日韩均称中国汉民族的中医为"汉医"，现在日本仍沿袭之，而韩国在20世纪六七十年代由于"民族主义"的兴起改称"韩医"。

日本崇尚"拿来主义"，纵然谈不上迅翁所谓的"批判继承和借鉴文化遗产及外来文化"，但至少不像韩国，谁的好就是自己的。这从宗教就可见端倪：日本是笃信宗教的，但是他们没有特别的分教派，去神庙都不太注意是伊斯兰教还是佛教，只要是神仙就拜，是哪个国家的都可以。韩国就不一样了，非要说释迦牟尼是韩国人。

韩国《朝鲜日报》报道："韩国成均馆大学历史学系经过对印度和尼泊尔古代史料的仔细发掘研究，包括对中国和阿富汗等国古籍的研究，已经发现佛教创始人释迦牟尼，实际上具有韩国血统。大约在公元前700年左右，生活在朝鲜最南端（今济州岛附近）的古朝鲜人已经组织了大规模的航海活动，一部分进入今天的日本，成为日本文化的祖先之一，一部分则进入东南亚地区。根据对尼泊尔释迦族聚居遗址的调查，可以认为，释迦族的生活带有明显的东亚色彩，不属于印度本土文化。在原始的佛经文字中，可以发现许多古朝鲜文字转化的外来字，充分说明释迦牟尼具有韩国血统。"

不知印度是否有中国的"宽宏大量"？

尽管这种"宽宏大量"致使悠悠华夏难有无形资产之品牌，只落得个

▲ 秦始皇兵马俑

"世界工厂"的头衔！

　　韩国媒体在审查结果还未公布前，就提前报道称"韩国'泡菜'已被列入联合国教科文组织人类非物质文化遗产名录"。联合国教科文组织对此给予坚决否定，表示非物质文化遗产是指"各种以非物质形态存在的与群众生活密切相关、世代相承的传统文化表现形式"，比如"口头传统、传统表演艺术、民俗活动和礼仪与节庆等"，而"泡菜"则是一种具体的食物；"被列为申遗候补名单的只有'越冬泡菜文化'，如果将泡菜列为人类遗产，很可能被商业所利用"。

　　认为"朕即天下"的秦始皇九泉之下得知自家的"泡菜"包括"越冬泡菜文化"遗产有可能流失，是否会"龙颜大怒"而动用"兵马俑"？

　　值得思索的是，热衷于为老祖宗申请人类非物质文化遗产的人，没有超越民族抑或国界的崇高气度而缺乏非功利性思考，那是十分可悲的！

螃蟹，自古以来被美食家奉为珍品。晋代名士毕茂世曾说：「右手执酒杯，左手持蟹螯，拍浮酒池中，便足了一生。」此足见文人墨客对螃蟹的嗜好。据说，古人以为螃蟹的「螃」字从「虫」，从「旁」，旁为「介」类中的旁行，也即横行者，因此，称它为「横行介士」。

司马相如 与"横行介士"

螃蟹自古以来被美食家奉为珍品。晋代名士毕茂世曾说："右手执酒杯，左手持蟹螯，拍浮酒池中，便足了一生。"此足见文人墨客对螃蟹的嗜好。据说，古人以为螃蟹的"螃"字从"虫"，从"旁"，旁为"介"类中的旁行，也即横行者，因此，称它为"横行介士"。

那么，这"横行介士"又怎么会和汉朝文学家司马相如结缘呢？

其中还有一个饶有趣味的故事！

司马相如（约前179—前118），字长卿，蜀郡成都人，长于词赋，有《子虚赋》《梨赋》《美人赋》《鱼俎赋》《梓桐赋》等传世。他曾经任汉武帝武骑常侍，自以为不得志而从梁孝王。梁孝王死后，他一贫如洗，只得寄身蜀郡临邛人卓王孙家，以求温饱。卓家有个未婚而新寡的女儿，名叫卓文君，天生丽质，风流绝世，是众多纨绔子弟追逐的对象。然而，她却为一曲《凤求凰》爱上了穷书生司马相如，与他私奔，成就了一段千古风流佳话。

常言道："痴心女子负心郎。"此话一点不假。后来司马相如因文才而得名，一时身价百倍。他用情不专，萌生了纳妾之念。为此，卓文君曾含泪作《白头吟》一首。据传，她"愿得一心人，白头不相离"之余，还写过一封

"数字倒顺书"："一别之后，二地悬念，只说是三四月，又谁知五六年。七弦琴无心弹，八行书无可传，九连环从中折断，十里长亭望眼欲穿，百思想，千系念，万般无奈把郎怨。万语千言说不完，百无聊赖十依栏，重九登高看孤雁，八月中秋月圆人不圆，七月半烧香秉烛问苍天，六月伏天人人摇扇我心寒，五月石榴如火偏遇阵阵冷雨浇花端，四月枇杷未黄我欲对镜心意乱，急匆匆，三月桃花随水转，飘零零，二月风筝线儿断。噫！郎呀郎，巴不得下一世你为女来我为男。"司马相如读了这番痴心语后十分羞愧，遂息了"如夫人"的念头。

谁知此事后来居然成了当年拜倒在卓文君石榴裙下的纨绔子弟的谈资。一些文人也因嫉妒相如文名，编造了许多故事。据《成都故事》描述，当时一个叫王吉的人，梦见一座凉亭里爬行着一只会说话的大螃蟹，自云："明天我要住在此地。"第二天，王吉去凉亭观看，只见少年司马相如正在那儿转悠，便断言此人当如螃蟹一般，在文坛横行一世。

历史上的王吉（生卒年不详），字子阳，西汉琅邪皋虞（今山东即墨温泉街道皋虞村）人，官至博士谏大夫。他是司马相如的挚友，少而好学，以孝廉补授若卢县右丞，不久升任云阳县令。汉昭帝时，举贤良充任昌邑王中尉。司马相如与卓文君相识而相知还是他牵的"红线"。

其实，司马相如只是替君主做了一世的"留声机"，"王吉梦蟹"不过是文人相轻的恶意中伤而已。有趣的是"横行介士"由是成了司马相如的代名词。卓文君如果爱吃螃蟹，此后大约也只得忍痛割爱了。

司马相如梦中成介类，卓文君怜夫忌螃蟹。斯虽为街谈巷议，却说明我国人民吃螃蟹至少有几千年的历史了。据考，古人还总结出一套食蟹的经验，撰成各种古籍，如我国第一部研究蟹的科学专著《蟹略》，还有宋人的《蟹谱》等。

古人吃蟹有其独特的方法：

《山家清供》 以鲜橙一只，截盖去瓤，将橙汁和蟹黄、蟹肉装入空橙，盖上盖子后用酒醋盐水蒸熟，名为"橙蟹"。此菜的特点，是既香且鲜。

《养小录》 活蟹洗净，放入淡酒、椒盐、糖、盐、葱、菊花汁拌匀加水的汤里，待其饮卤微醉，入锅蒸煮。此菜的特点是，蟹肉入味有菊花香。

《随园食单》 把蟹肉、蟹黄剥落后置壳子中，加入鸡蛋清，上锅蒸煮。此菜的特点是，上桌时完然一蟹，古稀之人尽可放胆举箸，不必顾虑螯爪之利。

当然，这只是古人的吃法，有些人可能不习惯。现在通行一种简单的吃法是，先把蟹洗净以绳扎牢，用旺火煮15分钟，然后将出锅的肢体齐全、肉头饱满的蟹配以香醋、姜末边剥边蘸，趁热食用。

我国的蟹类资源丰富。它们大多生活在海洋之咸水中，只有少数生活在湖泊之淡水里。其中，食用价值高的有螯上密生绒毛的河蟹；蟹斗呈斜方形，前侧缘，共有九齿，形如梭子的梭子蟹；背部隆起而光滑，壳泛青绿色的青蟹；斗缘前侧只有六齿的蟳。在蟹类家属中，以河蟹之味为最美，且营养价值高出其他品种数倍之多，是食用蟹中的佼佼者。

螃蟹不唯具有食用价值，尚具备药用功效。

唐人孙思邈《备急千金要方》介绍：蟹壳可用于治疗瘀血积滞、胁痛、腹痛等。明人戴元礼《证治要诀》引荐：以米汤吞服蟹壳粉末可医治血崩与腹痛，以蜂蜜调蟹壳粉末可用于被蜂蜇伤的外敷治疗。清人张路玉《本经逢原》建议：用生蟹肉捣烂可敷治烫伤。20世纪90年代，日本学者研究发现：蟹壳中含食物纤维，能吸附肠道食糜中的氯离子，有助于抑制血压上升。

俗话说："秋风起，蟹儿肥。"九月寒露，雌蟹黄多肉厚；十月立冬，雄蟹壮实丰腴。此时正是美食家大饱口福的黄金时间。江浙沪一带流传着一句挑蟹的口头禅，叫做："一看颜色，二看个头，三看肚脐，四看蟹毛，五看动作。"也就是说，好蟹要青背白肚，金爪黄毛，个头老健，肚脐外凸，敏捷活络。

挑上几只好蟹，按名菜谱做上一席食用价值与药用效应兼而有之的蟹餐，讲一段司马相如与卓文君的故事，真若毕氏所言"便足了一生"矣！

真的"便足了一生"？

讲至兴处，猛然想起晋代另一名士葛洪，不禁神伤心碎。其《抱朴子》称蟹为"无肠公子"，明朝李时珍解释为"以其内空曰无肠"。蟹无心肠，进化使然。人无"心肠"，被人唤作"无肠公子"，大抵是不妙的，尤其是文人墨客。因而，"右手执酒杯，左手持蟹螯"之际，断不可忘了"朱门酒肉臭，路有冻死骨"。

▲ 清·陈康侯《秋菊螃蟹图》

▲ 现代·齐白石《菊蟹图》

　　波士顿咨询公司发布的全球财富报告显示，中国内地拥有百万美元金融资产的家庭数量已跃居全球前五名，仅次于美国、日本、英国和德国。报告援引BCG财富管理市场规模数据库的统计数据说，这些"新贵家庭"数量仅占中国家庭总量的千分之一，但是掌控着全国41.4%左右的财富。

　　记得30多年前，杭州龙翔桥菜场卖野生螃蟹，每斤只不过1元2角，现在不要说野生，即便家养螃蟹的价格，也决不是处于温饱线上下的贫民所能问津的。

　　司马相如为赋，一度斗胆而言帝王贵族生活之浮华奢丽，微言淫乐侈靡的风气应当予以否定，相互就奢侈荒淫攀比、竞赛，并不能传扬声名，相反只能自贬自损。作为"留声机"的司马相如能有这种委婉的批评，备受颇具人民性的司马迁的重视。他在《史记·司马相如列传》最后，以"太史公曰"的口气说道："相如虽多虚辞滥说，然其要归引之节俭，此与《诗》之风（"风"通"讽"）谏何异？"鲁迅的《汉文学史纲要》中对"两司马"的评述十分中肯："武帝时文人，赋莫若司马相如，文莫若司马迁。"

袁枚享年八十二岁，可谓古代文人中的寿星，这与在饮食中爱吃"豆腐"不无关系。整部《随园食单》，他说得最多的便是这良好的养生食品——"芙蓉豆腐""蒋侍郎豆腐""杨中丞豆腐""张恺豆腐""庆元豆腐""王太守八宝豆腐""冻豆腐""虾油豆腐"等。

袁枚 与"豆腐"

清代著名才子袁枚，字子才，号简斋，晚年自号仓山居士、随园主人、随园老人，活跃诗坛60余年，存诗4000余首，还著有《小仓山房集》《随园诗话》等作品，享年82岁。

唐人杜甫《曲江二首》其二："朝回日日典春衣，每日江头尽醉归。酒债寻常行处有，人生七十古来稀。穿花蛱蝶深深见，点水蜻蜓款款飞。传语风光共流转，暂时相赏莫相违。"人生苦短，尤其是古代。诸如，平均寿命原始社会时期14岁，奴隶社会时期18至25岁，封建社会时期30到35岁。于是乎，苏轼38岁便自称"老夫"，《江城子·密州出猎》吟有"老夫聊发少年狂"；于是乎，陆游47岁即自谓"晚途"，《记梦》叹有"梦里都忘困晚途"。

据说，21世纪末中国将成为亚洲的十大长寿国之一，平均寿命将达到72.6岁。但在生产力与科技不发达的华夏古代，这简直不可思议。

▲ 袁枚

　　袁枚享年 82 岁，可谓古代文人中的寿星，他的养生秘诀除了处世积极而说自己"八十不知老"，晚年更富闲情逸致诸如喜欢养兰花、爱好爬山外，与爱吃豆腐亦不无关系。

　　豆腐是我国素食菜肴的主要原料，在先民记忆中刚开始很难吃，经过不断的改造，逐渐受到人们的欢迎，被誉为"植物肉"："营养价值极高，含铁、镁、钾、烟酸、铜、钙、锌、磷、叶酸、维生素 B_1、卵磷脂和维生素 B_6。每 100 克结实的豆腐中，水分占 69.8%，蛋白质 15.7 克、脂肪 8.6 克、碳水化合物 4.3 克和纤维 0.1 克，能提供 611.2 千焦的热量。高氨基酸和蛋白质含量使之成为谷物很好的补充食品。豆腐脂肪的 78% 是不饱和脂肪酸并且不含胆固醇。"今天从营养学的角度看，豆腐富含蛋白质，每天只需要吃半斤就能满足人体一天所需，豆腐还具备防骨质疏松、防痴呆、防心血管疾病、防癌的功效，对老年人的养生非常有益。

　　在吟诗作画之外，袁枚是一位有着丰富烹饪经验的美食家，所著的《随园食单》系统地论述烹饪技术和南北菜点，分为须知单、戒单、海鲜单、江鲜单、特牲单、杂牲单、羽族单、水族有鳞单、水族无鳞单、杂素菜单、小菜单、点心单、饭粥单和茶酒单 14 个方面。在须知单中提出了既全且严的 20 个操作要求，在戒单中提出了 14 个注意事项。接着，用大量的篇幅详细地记述了我国从 14 世纪至 18 世纪中流行的 326 种南北菜肴饭点，也介绍了当时的美酒名菜。而整部《随园食单》，他说得最多的便是这良好的养生食品豆腐——"芙蓉豆腐""蒋侍郎豆腐""杨中丞豆腐""张恺豆腐""庆元豆腐""王太守八宝豆腐""冻豆腐""虾油豆腐"等。

　　《随园食单》是他 40 年美食实践的结晶。比如"芙蓉豆腐"。任沭阳知县时，袁枚在海州一位名士的酒席上看到用芙蓉花烹制的豆腐，色白

▶ 清·袁枚《随园食单》

若冬雪，嫩润像凉粉，香味如菊花，细腻似凝脂，惹人眼热口馋，他夹了一块细细品味之后，忙向主人请教制法。这位年老赋闲在家的官吏有心告知，可风闻眼前的才子有五柳先生般的清高，便故意摆起了架子，一本正经地说："陶渊明当年不为五斗米折腰，请问你肯不肯为这豆腐而三折腰？"仓山居士听罢，竟然毕恭毕敬地弯腰三鞠躬。

关于豆腐的起源，历来说法很多。朱熹《豆腐》诗云："种豆豆苗稀，力竭心已腐。早知淮南术，安坐获泉布。"并自注"世传豆腐本乃淮南王术"。与朱熹同时代的杨万里，写过一篇《豆卢子柔传》的文章，副标题为"豆腐"，其中也提到汉代已有豆腐。然而，现存汉唐文献，无论是《淮南子》《齐民要术》，还是各类文学作品，都丝毫没有豆腐以及豆腐始于汉淮南王刘安的记载或说法。许多学者因此对豆腐"始汉说"提出质疑，较早的有日本学者篠田统的"始唐说"以及袁翰青的"始五代说"。

而《日本美食·日本豆腐的前世今生》中却提到："日式居酒屋最耐人寻味的不是串烧或刺身，而是清清白白、简简单单的豆腐。今人寻常可见的豆腐，一度是日本江户初时贵族、武士阶层的奢侈食材，逐渐流行于世后，还有文人为其著书立传。"关于豆腐何以东渡，日本著名汉学家青木正儿在《唐风十题》里专作过一篇《豆腐》，说豆腐传入日本的年代不详，可能是由镰仓室町时代留学的僧侣们带回的："室町中期文安元年（1444）的《下学集》中就有'豆腐'这个词语，末期的《宗长手记》的大永六年（1526）条记载了在炉边以酱烤串豆腐为酒菜一起喝酒的情况。"1444年，甲子年（鼠年），中国明朝正统九年；1526年，丙戌年（狗年），中国明朝嘉靖五年。

其实，汉乐府歌辞西汉《淮南王篇》便有最给力的证据："淮南王，自言尊，百尺高楼与天连，后园凿井银作床，金瓶银绠汲寒浆。"所谓"寒浆"，即"豆浆"。

"乐府"是汉武帝时设立的一个官署。它的职责是采集汉族民间歌谣或文人的诗来配乐，以备朝廷祭祀或宴会时演奏之用。它搜集整理的诗歌，后世就叫"乐府诗"，或简称"乐府"。它是继《诗经》《楚辞》而起的一种新诗体。"耕当问奴，织当访婢"，"豆腐"缘自何时当问平民百姓！

有人说，"豆腐"成为美食的主要食材之一，功劳在袁枚。

窃以为，此言过了。

倘若说慈禧爱吃"珍珠翡翠白玉汤"与随园主人有关，那么康熙吃"八宝豆腐羹"呢？

爱新觉罗·玄烨康熙六十一年（1722）十二月二十日驾崩，袁子才康熙五十五年（1716）三月二十五日诞辰！

史载，康熙皇帝喜爱吃质地软滑、口味鲜美的清淡菜肴。有一次他到南方巡视时，暂住于曹雪芹的祖父曹寅的苏州织造府衙门。为了伺候好皇上，荔轩先生派人从各地采购回来大量山珍海味吩咐名厨精心操持。无奈珍馐美馔都不对康熙的口味。情急之下，其用重金从创建于明代嘉靖年间的苏州"得月楼"酒家请来张东宫烹饪清淡、爽口

▲ 康熙

的苏州特色菜。为了让皇帝吃得高兴，张名厨绞尽脑汁用豆腐和八种食料做出一道色、香、味诱人的佳肴。皇上品尝后极为满意，赐名为"八宝豆腐羹"，起驾回朝时还传旨把这个"得月楼"的"摇钱树"带回北京赐以五品顶戴，在御膳房专门印制了"八宝豆腐羹"的配方，让受到奖赏的大臣到御膳房领取配方与圣上同"乐"。

有史学家评论，康熙皇帝治国方面颇有作为，生活方面也较为俭朴，物美价廉的"八宝豆腐羹"即为明证。

事实上，封建皇帝餐餐"三牲五鼎"、顿顿"凤髓龙肝"，大抵是吃厌了。

康熙与袁枚嗜好相同，原因却不一样：前者换口味，后者养生。

小吃

第三章

官礼嘉湖小吃应时

清明团子

清明团子

月饼

粽子

月饼

点心

点心

元宵

凉皮

清明团子

月饼

元宵

凉皮

粽子

「『点心』作为糕点之类的食品，文字记载最早的大约就是吴曾《能改斋漫录》：『世俗例，以早餐小食为点心，自唐代之时，已有此语。按唐人郑修为江淮留后，家人备夫人晨馔，夫人顾其弟曰：「治妆未结，我未及餐，尔且可点心。」』」

 与"点心"

宋人吴曾（1112—1184），字虎臣，祖籍崇仁（今属江西），笔记文作家。其因应试不第，有类毛遂自荐，于绍兴十一年（1141）向秦桧献所著《春秋左传发挥》等书，得补右迪功郎，后改右承奉郎、宗正寺主簿、太常丞、玉牒检讨官，迁工部郎中，出知严州，后辞官。因博闻强记，撰有《能改斋漫录》，知名当时及其后。

吴曾处于奸臣当道而风雨飘摇的南宋，"献书秦桧"实在令人唾弃，但从笔记集《能改斋漫录》之十八卷之十三门"事始""辨误""事实""沿袭""地理""议论""记诗""记事""记文""类对""方物""乐府""神仙鬼怪"来看，记载史实、辨证典故、解析名物，内容丰富而援引广泛，保存了不少已佚文献，为后世文史研究者提供了第一手资料，君本或曰国本之外，还具有相当的民本意识。

且阅《能改斋漫录》一则："真宗朝，签书枢密院马公知节，武人，方直任诚。真宗东封，下至从臣，皆斋戒。至岳下，抚问执政曰：'卿等在路素食不易。'时宰相臣僚有私食驴肉者，马乃对曰：'亦有打驴子吃底。'及还都，设酺宴。开封府命吏屏出贫子，隔于城外。上御楼，见人物之盛，喜顾宰臣曰：'今都城士女繁富，皆卿等辅助之力。'马乃奏曰：'贫底总赶在城外。'左右皆失色，真宗以为诚而亲之。"

能如此实录，肯定有违封建"家天下"的舆论导向，吴曾敢于秉笔直书而不"春秋笔法"，可见其"铁肩"与"辣手"的另一面。

"点心"作为糕点之类的食品，民间传说与东晋时期一个大将军有关："见到战士们日夜血战沙场，英勇杀敌，屡建战功，甚为感动，随即传令烘制民间喜爱的美味糕饼，派人送往前线，慰劳将士，以表'点点心意'。"

文字记载最早的大约就是吴曾《能改斋漫录》："世俗例，以早餐小食为点心，自唐代之时，已有此语。按唐人郑修为江淮留后，家人备夫人晨馔，夫人顾其弟曰：'治妆未结，我未及餐，尔且可点心。'"

"点心"是正餐之外的食品。例如，唐人孙颀《幻异志·板桥三娘子》："有顷，鸡鸣，诸客欲发，三娘子先起点灯，置新作烧饼于食床上，与诸客点心。"宋人庄季裕《鸡肋编》卷下："上觉微馁，孙见之，即出怀中蒸饼云：'可以点心。'"

周作人《南北的点心》对此有不同看法："北方的点心是常食的性质，南方的则是闲食。我们只看北京人家做饺子、馄饨、面总是十分苴实，馅决不考究，面用芝麻酱拌，最好也只是炸酱；馒头全是实心。本来是代饭用的，只要吃饱就好，所以并不求精。若是回过来走到东安市场，往五芳斋去叫了来吃，尽管是同样名称，做法便大不一样，别说蟹黄包子，鸡肉馄饨，就是一碗三鲜汤面，也是精细鲜美的。可是有一层，这绝不可能吃饱当饭，一则因为价钱比较贵，二则昔时无此习惯。……北方的点心历史古，南方的历史新，古者可能还有唐宋遗制，新的只是明朝中叶吧。点心铺招牌上有常用的两句话，我想借来用在这里，似乎也还适当，北方可以称为'官礼茶食'，南方则是'嘉湖细点'。"

其实，知堂先生是从广义的角度来谈"点心"的。就以文中提及"北京的大八件小八件"为例。

旧时，北京人探亲访友要携带礼物，讲究送"京八件"，即"大八件""小八件"。这原是清皇室王族婚丧典礼及日常生活中必不可少的礼品和摆设，后来配方由御膳房传到民间。八块不同品种糕点配搭一组为一斤称"大

八件"：翻毛饼、大卷酥、大油糕、蝴蝶卷子、幅儿酥、鸡油饼、状元饼、七星典子；半斤称"小八件"：果馅饼、小卷酥、小桃酥、小鸡油饼、小螺蛳酥、咸典子、枣花、坑面子。难道这些也是"代饭用"，而不是"闲食"？

今人薛理勇《点心札记》指出："用于充饥，所以既不同于正餐的米饭、面条之类的食品，又不同于'吃白相'的零食，通常指糕、饼之类的粮食做的食品。北方艺麦，南方莳稻，于是北人以面食为主，而南人以米饭为主粮。对南方人来讲，米饭之外，其他用面粉制作的食品，以及除米饭外的稻米加工食品都属于点心的范畴。"

传誉坊间而相对于"官礼茶食"的"嘉湖细点"，虽曾在江南纵横600余年，但首次文字记载大约是清同治（1862—1874）《湖州府志》卷三十三《物产》："茶食：或粉或面和糖制成糕饼，形色名目不一，用以佐茶，故统名茶食，亦曰茶点，他处贩鬻，称'嘉湖细点'。"

明清时期茶食品种之多不可胜数，其中风消云片、太师饼、东坡酥、薄

脆饼等就常见于文人著录中。近现代以来，西塘八珍糕、乌镇姑嫂饼、盐官大麻饼、王江泾栗酥等都是承接"嘉湖细点"传统制法的名点。其中"乌镇姑嫂饼"据《乌青镇志》记载，距今已有100多年的历史。民间传说，一个多世纪以前乌镇方家名叫"方天顺"的夫妻茶食店祖上有制作酥糖的秘方，因关键技术传媳不传女，女儿作梗将一包盐抖进了配料缸内，"弄拙成巧"出椒盐酥糖，并给新产品取了个具有纪念意义的名字"姑嫂饼"。

"嘉湖细点"按形式，可分为水点和干点；按主料，可分米制品、麦面制品、糖制品。

水点系通过汽蒸、汤煲、油煎等制作办法烹制的点心。按熟制方法，可分为蒸点、汤点、煎点；按口味，可分咸点、甜点；按馅料，可分荤点、素点。

◆ 米制品水点是中国最早的点心：粽子、八宝饭、粥品、粢饭、米饼等；

◆ 米粉制品是最具江南特色的点心：团子、糖糕、松糕、定胜糕、南瓜饼、橘红糕、枣子糕等；

◆ 麦面制品水点在"嘉湖细点"中多由北方产麦区输入，加以改良才成为"嘉湖细点"，如馒头、小笼包子、汤包、饺子、馄饨、锅贴、烧卖、面条、春卷、生煎、锅饼、发糕等。

干点为通过烘焙、熬制等方法制作的点心。按熟制方法，可分为烘焙类、熬制类；按形态，可分为糖制类、糕类、干糕类、饼类、蛋糕类；按原材料的使用，可分为纯清类、混合类、夹馅类。

◆ 米制品的干点有：米花糖、饭糍、米饼等。

◆ 米粉类的干点有：猪油芝麻炒米粉、椒桃片、香糕、状元糕、燥片等；

◆ 以麦面为主料的干点与以麦面为主料的水点似有不同，大都以嘉湖自创为主：苏式月饼、麻饼、杏仁饼、袜底酥、云片糕、玉带糕、姑嫂饼、八珍糕、绿豆糕、鸡蛋糕等；

◆ 糖制品也是干点的一族，是"茶食"中的珍品：酥糖、麻片糖、寸金糖、牛皮糖、南枣核桃糕、花生丁、芝麻丁、松仁缠、核桃缠、糖风菱、糖香榧、粽子糖、老姜糖、薄荷糖等。

具有"耳闻目睹的现实性，'杂'与内容的丰富性，'小说''小语'与形式的灵活性"的《能改斋漫录》，宋孝宗隆兴元年（1163）因仇家告讦"事涉讪谤"被禁毁，至光宗绍熙元年（1190）虽重见天日，但新版经过"新闻检查"式的删改，已非原貌。幸运的是"点心"一节因与当朝人为设置的某种标准无关而得以"完卵"。

宋孝宗是南宋最有作为的皇帝：平反岳飞冤案；起用主战派人士，锐意收复中原；加强集权，整顿吏治，裁汰冗官，惩治贪污，重视农业，安康百姓。史称"乾淳之治"之"盛世"，一本替史书补遗的笔记集仍遇审查"红灯"，实乃社稷之不幸。

不过，能够网开一面重印，说明南宋小朝廷的"文字狱"尚未成"气候"，有些"温良恭俭让"。要是搁在晚清慈禧"牧民"时代，那简直不敢想象。"月饼"系中秋"点心"，叶赫那拉氏竟然唤之"月菜糕"，盖因"饼"和"病"谐音，尽管她爱吃，尽管她视中秋为大日子：八月十四"迎月"，八月十六"送月"，可照样避讳没商量。否则……

　　"点心"常被文人墨客作为诗题，诸如唐人王梵志《城外土馒头》："城外土馒头，馅草在城里。一人吃一个，莫嫌没滋味。"宋人苏东坡《约吴远游与姜君弼吃蕈馒头》："天下风流笋饼馋，人间济楚蕈馒头。事须莫与谬汉吃，送与麻田吴远游。"这无疑增加了食品的文化内涵。吴曾聚而抽象记之，堪谓北方"官礼茶食"与南方"嘉湖细点"文字意义层面之先驱！

从专业的角度来说，"元宵"与"汤圆"迥然不同——"元宵"以馅为基础，江米面粉为外立面；"汤圆"有点儿像包饺子。而在常人的眼里"元宵"等同于"汤圆"。关于元宵"还有一个美丽的传说。

东方朔 与"元宵"

元宵节吃"元宵"，是中国的传统习俗。"元宵"又名"汤圆"。

相传，八仙之一的吕洞宾曾在阳春三月化身为一个卖汤圆的老翁，在西湖（一说八仙桥）边高声叫卖。杭州一家药铺的学徒许仙恰巧路过，便要了碗，一不小心，其中有颗相当于 500 年修功的汤圆滚落水中，近处的一只乌龟急忙来食，但爬得太慢，眼睁睁地看着汤圆被远处倏然而至的一条白蛇吞了。于是，白蛇得道成仙化而为人，与许仙结为夫妻。那只当初气急败坏而嗣后

修炼成精的乌龟就是后来与白蛇娘娘不共戴天的法海和尚。

《白蛇传》系中国四大汉族民间爱情传说之一，虽被列入"第一批国家级非物质文化遗产"之列，并以此故事为原型拍摄了多部影视剧作和动画片，其中篷船借伞、盗灵芝仙草、水漫金山、断桥、雷峰塔、仕林祭塔、遁身蟹腹等情节动人心魄，然毕竟是民间故事，文学虚构而已。确有其人的吕洞宾实在是被神化了的。

餐饮界以为，从专业的角度来说，"元宵"与"汤圆"迥然不同——

"'元宵'以馅为基础，江米面（北方称"糯米"为"江米"）粉为外立面。先拌馅料，和匀后摊成大圆薄片，晾凉后再切成比乒乓球小的立方块。然后把馅块放入簸箕里，倒上适量江米粉，摇晃中就'筛'起来了。随着馅料在互相撞击中变成球状，江米也沾到馅料表面形成了'粉果'。"

"'汤圆'有点儿像包饺子。先把糯米粉加水揉成团，放置几小时让它'醒'透。然后把做馅的各种原料拌匀放在大碗里备用。包汤圆的过程不用擀面杖，湿糯米粉黏性极强，用手揪一小团，挤压成圆片形状。用筷子挑一团馅放在糯米片上，再用双手边转边收口做成团状，搓成圆形。"

其实，在常人的眼里，"元宵"等同于"汤圆"。

据说，"元宵"本为人名，是一个制作"汤圆"的御用高手。

传说："东方朔发现有个泪流满面的宫女准备投井，慌忙上前搭救，并询问原因。原来，这个宫女名叫元宵，家里有双亲及一个妹妹，因进宫后再没和家人见面而倍思家人。她想，既然不能在双亲跟前尽孝，还不如一死了之。东方朔非常同情她的遭遇，决计让她和家人团聚。一天，东方朔出宫在长安街摆了一个占卜摊，来求者得到的都是'正月十六火焚身'的签语，一时长安恐慌。汉武帝得知'长安在劫，火焚帝阙，十六天火，焰红宵夜'大惊，连忙请来了足智多谋的东方朔。东方朔说：'听说火神君最爱吃汤圆，宫

中的元宵不是经常给你做汤圆吗？十五晚上可让元宵做汤圆。万岁焚香上供，传令京城家家全做汤圆，一齐敬奉火神君。再传谕臣民一起在十六晚上挂灯，满城点鞭炮、放烟火，好像满城大火，这样就可以瞒过玉帝了。此外，通知城外百姓，十六晚上进城观灯，杂在人群中消灾解难。'汉武帝听后就传旨而行之。到了正月十六日，长安城里张灯结彩，游人如织，热闹非常。元宵的父母也带着妹妹进城观灯。当他们看到写有'元宵'字样的大宫灯时，惊喜地高喊：'元宵！元宵！'元宵听到喊声，终于和双亲、妹妹团聚了。如此热闹了一夜，长安城果然平安无事。汉武帝大喜，便下令以后每到正月十五都做汤圆供火神君，正月十六照样满城挂灯放烟火。因为元宵做的汤圆最好，人们就把汤圆叫'元宵'，这天叫做元宵节。"

唐代元稹《行宫》有叹："寥落古行宫，宫花寂寞红。白头宫女在，闲坐说玄宗。"体味乐景哀情与抨击皇权之余，真的暗暗替元宵宫女遇到东方朔这样的封建良吏而庆幸。

看来，"元宵"实在与亲情有关。

无独有偶，唐人孟棨《本事诗·情感》记录："南朝陈太子舍人徐德言与妻乐昌公主恐国破后两人不能相保，因破一铜镜，各执其半，约于他年正月望日卖破镜于都市，冀得相见。后陈亡，公主没入越国公杨素家。德言依期至京，见有苍头卖半镜，出其半相合。德言题诗云：'镜与人俱去，镜归人不归；无复嫦娥影，空留明月辉。'公主得诗，悲泣不食。素知之，即召德言，以公主还之，偕归江南终老。后因以'破镜重圆'喻夫妻离散或决裂后重又团聚或和好。"

"望日"者，月圆之日，常指旧历每月之十五。前缀"正月"，可见是"元宵节"。

"元宵节"而"破镜重圆"，后人感受到了乐昌公主与丈夫徐德言的两心相知而情义深厚，越国公杨素的宽宏大度而成人之美。

当然，东方朔的为民请愿之民本思想更是"元宵"之饮食文化之内在精髓。

东方朔（前154—前93），姓张，字曼倩，西汉平原郡厌次县（今山东陵县东北，一说山东惠民东）人，著名文学家。汉武帝即位，征四方士人。东方朔上书自荐，诏拜为郎。后任常侍郎、太中大夫等职。他性格诙谐，思维敏捷，常在武帝前谈笑取乐，曾言政治得失，陈农战强国之策，但当时的皇帝始终把他当俳优（古代演滑稽戏杂耍的艺人）看待，不予重用。其一生著述甚丰，有《答客难》《非有先生论》等名篇传世。

常人对东方朔这个名字不陌生，可能是初中语文课本里收有鲁迅《从百草园到三味书屋》一文，其中提及："不知从哪里听来的，东方朔也很渊博，他认识一种虫，名曰'怪哉'，冤气所化，用酒一浇，就消释了。我很想详细地知道这故事，但阿长是不知道的，因为她毕竟不渊博。现在得到机会了，可以问先生。""先生，'怪哉'这虫，是怎么一回事？""'不知道！'他似乎很不高兴，脸上还有怒色了。""我才知道做学生是不应该问这些事的，只要读书。因为他是渊博的宿儒，决不至于不知道，所谓不知道者，乃是不愿意说。"

"怪哉"是古代汉族神话传说出于狱中的昆虫名。这一传说见于南朝梁文学家殷芸《小说》卷二。汉武帝在路上遇见这种不认识的虫，就问博学的东方朔。东方朔告诉他这种虫是秦朝冤死在牢狱里的老百姓的化身，是忧怨化成的，放在酒里就会溶解。

寿镜吾老先生方正可掬，对于这类所谓无稽之谈自然是不屑一顾。迅翁借用"怪哉"二字讽刺当时腐朽的教育，而东方朔谈"怪哉"含有

更深的意味，那就是劝汉武帝要善待百姓。

时下，"元宵"抑或"汤圆"的种类在饮食文化的美名下日臻繁多：四川心肺汤圆、长沙姐妹汤圆、重庆凌汤圆、宁波汤圆、苏州五色汤圆、山东枣泥汤圆、广东四式汤圆、北京奶油元宵、天津蜜馅元

宵、上海酒酿汤圆、泉州八味汤圆、广西龙眼汤圆、安庆韦安港汤圆、台湾肉汤圆……不一而足，但又有多少美食家在美食之余，能从饮食文化这一短语中想到中心语"文化"进而感悟出"文化是凝结在物质之中又游离于物质之外的，能够被传承的国家或民族的历史、地理、风土人情、传统习俗、生活方式、文学艺术、行为规范、思维方式、价值观念等，是人类之间进行交流的、普遍认可的一种能够传承的物质世界的精神形态"？

毛泽东批评宋诗以理入诗"味同嚼蜡"，有失公允。被称作"诗之余"的词，运用诗的清空雅正语言及风格显得典雅纯正。关于元宵节最著名的宋词有两首。欧阳修抒相思之叹息的《生查子·元夕》："去年元夜时，花市灯如昼。月上柳梢头，人约黄昏后。今年元夜时，月与灯依旧。不见去年人，泪湿春衫袖。"辛弃疾发对理想追求执着和艰辛之感慨的《青玉案·元夕》："东风夜放花千树，更吹落、星如雨。宝马雕车香满路。凤箫声动，玉壶光转，一夜鱼龙舞。蛾儿雪柳黄金缕，笑语盈盈暗香去。众里寻他千百度，蓦然回首，那人却在，灯火阑珊处。"那均是与"元宵"亦或"汤圆"间接相关的"物质世界"的"精神形态"升华。

在同为青色却质地不同的"清明团子"中，艾草配料的当属上品。"艾文化"历史悠久，因而艾草被赋予诸多美誉——《诗经》有言：'乐只君子，保艾尔后。'《孟子》有云：'知好色，则慕少艾。'《汉书》有语：'海内艾安，府库充实。'

与"清明团子"

江南地区汉族民众清明节前后的风味美食小吃"清明团子"又叫"清明馍馍""清明蒿子粑""艾糍粑"。

据说，太平天国农民政权兴亡期间的某年清明节，"忠王"李秀成的得力干将陈太平遭清兵追捕逃至一村庄，附近一个犁田的农民将陈太平装扮成村夫模样，与自己一起耕地。清兵见钦犯未捉拿归案不敢擅自撤走，于是在村子四周方圆几十里布兵设岗严加盘查，想把饥饿难忍的陈太平从藏身处给逼出来。那位好心人见无法与陈太平同行，便先独自回家，正在路上苦苦思索带什么吃的东西时，一脚踩中了清明时节的一丛艾草，滑了一跤。农夫振作精神爬起来，只见手上、膝盖上都染上了墨绿色，他眉头一皱，顿时计上心头，连忙采了些艾草回家洗净煮烂挤汁，揉进糯米粉内，做成一只只米团子，然后把青溜溜的团子放在青草里，混过村口的哨兵。陈太平吃了青团，觉得又香又糯且不黏牙。天黑后，其绕过清兵哨卡安全返回大本营。李秀成得知事情的来龙去脉，竟然下令太平军都要学会做青团以御敌自保。就这样，吃"清明团子"的习俗慢慢流传开来。

这个传奇故事颇有点"自力更生"的意味，对后世怀有农民革命情结的政治家的影响应该不可小觑。

1939 年 2 月，毛泽东在延安生产动员大会上针对革命根据地日趋严重的经济困难局面，发出了"自己动手"的号召。抗日战争进入最艰难的阶段后，1943 年 10 月 1 日，中共中央在《开展根据地的减租、生产和拥政爱民运动》中指示各根据地实行"自己动手、克服困难（除陕甘宁边区外，暂不提丰衣足食口号）的大规模生产运动"。这个"自己动手，丰衣足食"的口号作为各根据地克服经济困难、实现生产自给的努力目标，新中国成立后又成了全国或某个地区出现经济困难时党和政府鼓励人民生产自救的号令。

毛泽东始终认为学历史主要是学近代史。情有独钟于农民运动的他对太平天国及其领袖群有颇多精辟的论述。

早在 1945 年 6 月，毛泽东在延安召开的中国革命死难烈士追悼大会演说中就指出："我们今天的公祭可以一直上溯到一八四一年平英团那些英雄们，也祭奠他们。平英团的反英斗争、太平天国运动，都是英勇的斗争。太平天国有几十万军队、成百万的农民，打了十三年，最后南京城被清兵攻破的时候，一个也不投降，统统放起火烧死了，太平天国就这样结束的。他们失败了，但他们是不屈服的失败，什么人要想屈服他们，那是不行的。"

想来，毛泽东可能抑或一定知道"李秀成与'清明团子'"的故事借鉴了饮食文化的言外之意。这实在是一个具有深厚历史文化功底的政治人物的政治本能，比如他提出的"深挖洞，广积粮，不称霸"。

1972 年 12 月 10 日，中共中央在转发国务院 11 月 24 日《关于粮食问题的报告》时，传达了毛泽东"深挖洞，广积粮，不称霸"的最高指示。《中共中央转发〈国务院关于粮食问题的报告〉的批语》中转述道："毛泽东主席讲了《明史·朱升传》的历史故事。明朝建国以前，朱元璋召见一位叫朱升的知识分子，问他在当时形势下应当怎么办。朱升说：'高筑墙，广积粮，缓称王。'朱元璋采纳了他的意见，取得了胜利。"20世纪60年代中期，由于对国际形势的估计过于严重，毛泽东特别强调要突出备战，要准备粮食和布匹，要挖防空洞，要修工事。

"兵马未动，粮草先行"，备战将粮食放在首要位置，自古而然。看来，"吃吃喝喝决不是小事"，即便在今天。

▲ 艾草

一般来说，能做"清明团子"的除了艾草，还有鼠鞠草、麦叶，而用食用色素造假，当是近两年的事。在商业利益的驱动下，"天下熙熙，皆为利来；天下攘攘，皆为利往"，人几乎没有干不出的事。

艾草别名冰台、遏草、香艾、蕲艾、艾萧、艾蒿、蓬藁、艾、灸草、医草、黄草、艾绒等。多年生草本或略成半灌木状，植株有浓烈香气。全草入药，有温经、去湿、散寒、止血、消炎、平喘、止咳、安胎、抗过敏等作用。

鼠鞠草俗名清明草，又叫佛耳草、念子花、清明菜、寒食菜、绵菜、香芹娘等。二年生草本，全株有白色绵毛，叶如菊叶而小，开絮状小黄花。性平和，有化痰、止咳、降压、去风功效。

至于麦叶，则与夏朝开国君王有关。

相传，上古或曰三皇五帝时期，洪水泛滥而大地汪洋一片，庄稼淹没了，房屋冲塌了，人们扶老携幼逃到山顶或爬上大树暂时保全性命，但饥饿难熬。尧命鲧治水，鲧采取"堵"的策略，失败后由其独子禹继任，禹改用"疏"的方法平息水患，为种植冬小麦创造了条件，深得后人的爱戴。为了纪念这位治水英雄，炎黄子孙祭祀时都会做精美的供品，而清明节时适值冬小麦返青，以麦叶汁水和糯米粉做成青团子，将青团子供在大禹治水墓碑前，以示不忘治水之恩。久而久之，相沿成习。

在同为青色却质地不同的"清明团子"中，艾草配料的当属上品。

"艾文化"历史悠久，因而艾草被赋予诸多美誉——

《诗经·小雅·南山有台》有言："乐只君子，保艾尔后。"所谓"保艾"，意为养育。《孟子·万章上》有云："知好色，则慕少艾。"所谓"少艾"，意为美好。《汉书》有语："海内艾安，府库充实。"所谓"艾安"，意为安定。

艾草是一种很重要的养生植物，其作用多多：

驱邪 民谚说："清明插柳，端午插艾。"在端午节，家家户户挂艾草，而且把用艾草制成的"艾人"悬于空中，或剪成虎形，人们竞相佩戴，用以辟邪驱瘴，因此有人戏称端午节是中国古代的卫生节。

针灸 作为东方医学的重要组成部分，"针"系拿针刺穴道，"灸"乃以艾绒点燃之后用来薰、烫穴道，穴道受热固然有刺激，但并不是任何纸或草点燃了都能作为"灸"使用，通常艾草最为常用，故而称为艾灸。

医药 民间流传"家有三年艾，郎中不用来"的谚语。《孟子·离娄上》遂有"七年之病，求三年之艾"之说。

泡澡 把艾叶泡在浴缸里，让弥散着药香气的水雾在身旁熏蒸，舒舒服服地排毒养颜。

安眠 洗净艾叶并晒干装入枕头，枕感柔软舒适，芳香的气味会很快把人们带入甜蜜的梦乡。

染料 艾叶可以当作天然植物染料使用，清香而无化学污染之烦恼。

食用 艾叶茶、艾叶汤、艾叶粥、艾蒿馍、艾蒿糍粑、艾蒿肉丸等，甘露美食之余，可以增强人体对疾病的抵抗能力。

就"食用"而言，艾叶最经典的做法莫过于做成"清明团子"。将采摘回来的艾草洗净，焯水且冲凉后剁碎，与糯米粉、黄糖混合后舂匀，捏成一个个墨绿色的扁圆形，用芭蕉叶或菜叶垫底，放进蒸笼蒸熟，即成绵软香甜的美食。里面的馅可咸可甜，像韭菜肉末、豆沙猪油类的搭配均可。

如今有着丝丝艾青的"清明团子"已经难以寻觅了，哪怕是找到了那些个有一丝一丝的绿叶"经络"之团子，那也大概是用青菜、菠菜的叶子混充的，远离手工制作的大规模的流水线生产，真用艾青，那还不得把艾青堆成山？

当然，任何事物都有利有弊。艾叶虽用途广泛，但副作用也不小，对消化道及皮肤有一定刺激性，大量服用会引起中毒，出现消化系统与神经系统的一系列连锁症状。这正如"巴豆哲学"——

李时珍读了《本草经集注》后，问父亲，巴豆是否就是一种泻药。父亲让他亲自试试。试验结果：如果大剂量服用，可以导致严重腹泻；如果适量服用，能够治好慢性腹泻。

在一些典型食品与不同就餐习惯中，蕴含着日常食俗、年节食俗、宗教礼祭食俗等内容。就华夏流传的端午节"屈原与「粽子」"的凄美故事而言，似属年节食俗与宗教礼祭食俗之有机交融。

屈原 与"粽子"

食俗即饮食风俗。东汉班固《汉书·郦食其传》有云："王者以民为天，而民以食为天。"而"世界各地各民族所处的地理环境、历史进程以及宗教信仰等方面的差异，使他们的饮食习俗也不尽相同，构成了庞大纷繁的体系。"在一些典型食品与不同就餐习惯中，蕴含着日常食俗、年节食俗、宗教礼祭食俗等内容。就华夏流传的端午节"屈原与'粽子'"的凄美故事而言，似属年节食俗与宗教礼祭食俗之有机交融。

每年农历五月初五的端午节乃中国国家法定节假日之一，业已被列入世界非物质文化遗产名录。而是节之别名端阳节、端五节、端礼节、中天节、浴兰节、解粽节、女儿节、菖蒲节、五月节、龙舟节、粽子节、夏节中，最符合民意的当为解粽节抑或粽子节。

尽管端午节有很多习俗，诸如"端午不戴艾，死去变妖怪""端午佳节，菖蒲插屋""喝了雄黄酒，百病远远丢""端午（五）请菩萨，端六发乌贼""五月五，划龙船，过端午"，但吃

粽子是端午最重要的风俗，盖因牵涉到宗教礼祭。

南朝梁吴均《续齐谐记》有道：

> 屈原五月五日投汨罗水，楚人哀之，至此日，以竹筒子贮米，投水以祭之。汉建武中，长沙区曲忽见一士人，自云"三闾大夫"，谓曲曰："闻君当见祭，甚善。常年为蛟龙所窃，今若有惠，当以楝叶塞其上，以彩丝缠之。此二物，蛟龙所惮。"曲依其言。今五月五日作粽，并带楝叶、五花丝，遗风也。

语译意思是："屈原在五月初五投汨罗江而死，楚国人都为他哀悼。每到这一天，人们用竹筒装米扔进水里来祭奠他。东汉建武年间，长沙的区曲忽然看见一个士人，自称是'三闾大夫'屈原。他对区曲说：'得知你正要来此祭奠，很好。但这些年大家所送来的东西总是被蛟龙偷吃。今天你如果有什么东西要送的话，应当用楝树叶在外面包上，再用五彩线缠住它。这两样东西是蛟龙所害怕的。'区曲照他说的去做了。今天老百姓们在五月初五裹粽子，包上楝树叶，缠上五彩线，这便是汨罗江畔的遗风。"

唐代文秀《端午》有言："节分端午自谁言，万古传闻为屈原。堪笑楚江空渺渺，不能洗得直臣冤。"

粽子，古谓之"角黍"，作为中国历史上迄今为止文化积淀最深厚的传统食品或曰点心，最早大约见于西晋周处的《风土记》："仲夏端午，方伯协极。享用角黍，龟鳞顺德。"文字形式最早大抵见于东汉许慎的《说文解字》。"粽"字原写成"糉"，《说文新附》（北宋徐铉校订）："糉，芦叶裹米也。从米，㚇声。"北宋丁原《集韵》："糉，角黍也。或作粽。"明代李时珍《本草纲目》中，清楚说明用菰叶裹黍米，煮成尖角或棕榈叶形状食物，所以称"角黍"或"粽"。

其实，民间粽子源于百姓祭奠屈原的说法，那是从南北朝以后才开始的。

屈原（约前340—约前278），名正则，字灵均，一名平，字原，出生于东周战国时期楚国丹阳（今湖北宜昌秭归），楚武王熊通之子屈瑕的后代。关于自己名字的来历，其在《离骚》中说：

> 帝高阳之苗裔兮，朕皇考曰伯庸。摄提贞于孟陬兮，惟庚寅吾以降。皇览揆余初度兮，肇锡余以嘉名，名余曰正则兮，字余曰灵均。

这八句话是自叙身世：从原始祖先说到父亲，说到自己的生日与父为之命名又为之起字。"高阳"为楚人传说中的始祖颛顼，看来三闾大夫或曰左徒之忧国忧民系"名正言顺"而理所当然者也。

比起历代奸臣来，屈原投江之不幸又是幸运的，他拥有一块非人工所能建造的纪念碑——"粽子"。

"屈子当年赋楚骚，手中握有杀人刀。艾萧太盛椒兰少，一跃冲向万里涛。"毛泽东的《七绝·屈原》高度赞扬其爱国情怀、浪漫气质和醒世精神。

毛先生推崇的历史人物甚多，比如司马迁、曹操、李白、李贺等，然最为推崇的是同属楚人的屈原，曾将其思想性与艺术性俱高的作品作为国礼赠送外宾。据记载："1972年9月27日晚，毛泽东主席在中南海会见了日本首相田中角荣、外相大平正芳和内阁官房长官二阶堂进。会见结束时，毛泽东主席将一部装帧精美的《楚辞集注》作为礼物，赠送给田中角荣首相。"

屈原以对内心情绪抒发与对理想追求的浪漫主义的方式结束了自己的生命。浪漫主义诗歌在中国是以屈原为代表的楚辞为起始点的，从楚辞到李白，又从陆游到龚自珍，浪漫主义在中国文化上的影响从未间断过。我们在或神奇险怪、或奇妙虚幻的艺术境界中依稀可见正则之情怀、之气质、之精神。

想来西晋周处作为屈原的晚辈，《风土记》中有"角黍"记载，大约有言外之意。

周处（约236—297），字子隐。东吴吴郡阳羡（今江苏宜兴）人，鄱阳太守周鲂之子，"年少时，凶强侠气，为乡里所患"，与水中蛟、山里虎并称"三横"，嗣后"始知为人情所患，有自改意"而"终为忠臣"，其大抵从"屈原与'粽子'"及其"苦蛟龙所窃"与"杀蛟而出"的传奇中悟到了"有的人活着，他已经死了；有的人死了，他还活着"之真谛。

唐初名相房玄龄《晋书》有叹："夫仁义岂有常，蹈之即君子，背之即小人。周子隐以跅弛之材，负不羁之行，比凶蛟猛兽，纵毒乡闾，终能克己厉精，朝闻夕改，轻生重义，徇国亡躯，可谓志节之士也。"

"离骚"，东汉王逸释为："离，别也；骚，愁也。"作品倾诉了对楚国命运和人民生活的关心，"哀民生之多艰"，叹奸佞之当道。

"国泰民安"的前提是"五谷丰登"。有人讲我们中国人把筵席办进庙宇，摆上坟头，与其说是对鬼神和先人的顶礼，还不如说是对食物和味觉的膜拜。都说中国是没有宗教信仰的国度，殊不知我们的饮食文化时不时地透露着宗教的信息，以至于被"别有用心"的人说成"吃教"。

"把名字刻入石头的，名字比尸首烂得更早。"身为巫师亦或黄老之学传播者之灵均之先见之明在于：让舌尖上的美味"粽子"成为有口皆碑之千古传播者，如果不免愚忠之屈子能算有先见之明者的话。

一叶飘落而知秋，一叶勃发而见春。寻常细微之物常常是大千世界的缩影，无限往往蕴藏于有限之中。"一花一叶一世界"蕴含着普适的社会道理和深奥的佛理禅机。滴水藏海而看屈原，且看"粽子"，我们能够看到很多，也能够思考许多。

问题是，这不仅需要美好的心灵，更需要犀利的眼光。

苏东坡《月饼》有云：

『小饼如嚼月，中有酥和饴。』

默品其滋味，相思泪沾巾。

首句『饼』与『月』一起出

现，大概应系『月饼』一词的

源头。可那时的月饼还是菱花

形的，和菊花饼、梅花饼等同

时存在，且为『四时皆有，任

便索唤，不误主顾』，而并非

只在中秋节品尝。

明太祖 与 "月饼"

中秋节吃"月饼"流行于中国众多民族与汉文化圈诸国，是特定社会文化区域内历代人们共同遵守的行为模式或规范。此约定俗成有两个主人翁不一，但情节大致相同的"'月饼'传信息"的故事——

其一："元朝末年，统治者的垂死挣扎引起了广大人民的普遍憎恨，农民起义的前夜如地火在地下运行、奔突，熔岩一旦喷出，将烧尽一切。统治者为了维护自己的极权统治，规定民间不准私藏铁器，十家人合用一把菜刀。江浙一带义军领袖与地方割据势力之一的张士诚于中秋节，将起义时间写在纸条上，夹在'月饼'里送给各家各户。人们掰开后见到纸条，就纷纷拿起菜刀，聚集起义，掀起了反抗元朝统治者压迫的高潮。为了纪念这次起义，人们每年农历八月十五便吃具有象征意义的'月饼'，久而久之，相沿成习。"

其二："蒙古人统治下的汉人、南人成了贱民。蒙古人杀一个南人只需罚交一头毛驴的钱，而汉人甚至连姓名都不能有，只能以出生日期为名，不能拥有武器，一把菜刀也必须几家合用。赋役沉重，再加上灾荒不断，广大民众在死亡线上挣扎。曾为'皇觉寺小行童'的朱元璋见时机成熟，准备联合各路反抗力量起义，但朝廷'鹰犬'搜查得十分仔细，传递信息非常困难。

军师刘基便想出一计，命令亲兵把藏有'八月十五夜起义'纸条的饼子派人分头传送到各地起义军中，到了起义的那夜，各路义军一起响应，势如星火燎原。当徐天德攻下元大都的消息传来，朱元璋极为兴奋，口谕嗣后但凡农历是日，全体将士与民同乐，并把秘密传递信息的饼子命名为'月饼'，作为节令糕点赏赐属下。这样一来，中秋节吃月饼的习俗便在民间流传开来。"

传说而已，本该见仁见智。

不过，作为灭元盖世功臣的张士诚不幸亡于朱元璋政权。据说，其被押解至明朝都城应天府（今江苏南京），因一句"天日照尔不照我而已"惹怒朱元璋，至正二十七年或曰吴元年（1367）遭斩首。"成者为王，败者为寇"，朱元璋做了明朝开国皇帝，"'月饼'起义"这一奇闻轶事犹舆论存在导向一般，大抵成了"皇觉寺小行童"的贴金招牌。

洪武三十一年（1398），朱元璋病逝于应天，享年71岁，葬南京明孝陵，带着庙号"太祖"与嗣后的谥号"开天行道肇纪立极大圣至神仁文义武俊德成功高皇帝"去见张士诚。"死去元知万事空"，他们大约再也不会为"月饼"的归属争个面红耳赤了。

中秋节赏月的习俗在西汉戴圣辑录秦汉以前汉族礼仪著作之《礼记》中有记，所谓"秋暮夕月"。夕月，即祭拜月神。周代每逢中秋夜都有迎寒和祭月的仪式。秦朝始皇东游海上，祭祀的有名山大川和八神，八神中的第六为月主。月主，祠之莱山。莱山，又名莱阴山，向以"神灵宅窟"而著称于世。此山高度虽只600余米，但在中国古代却与泰山、华山并列为天下名山，莱山上祭祀的月主为齐国崇敬的八神之一。秦始皇之后的汉武帝等封建帝王亦多次巡幸、祭拜过月神。这些为莱山增添了庄重神奇的色彩。

那么，月文化何时与"饼"这种食文化相联系，成为中华古老文明的一部分？

北宋文豪苏东坡《月饼》有云："小饼如嚼月，中有酥和饴。默品其滋味，相思泪沾巾。"首句"饼"与"月"一起出现，大概应系"月饼"一词的源头。可那时的月饼还是菱花形的，和菊花饼、梅花饼等同时存在，且为"四时皆有，任便索唤，不误主顾"，而并非只在中秋节品尝。至于演变成圆形，寓意团圆美好，那是后话。

中秋节吃"月饼"始于何时可能人言不一，只能谓之"相传"，而盛于明清似为共识。明代田汝成《西湖游览志馀》有道："八月十五日谓之中秋，民间以月饼相遗，取团圆之义。"至于清代，关于"月饼"的记载日趋增多而制作亦愈发精细，袁枚《随园食单》有言："酥皮月饼，以松仁、核桃仁、瓜子仁和冰糖、猪油作馅，食之不觉甜而香松柔腻，迥异寻常。"

我国各地至今遗存着许多"拜月坛""拜月亭""望月楼"古迹，乃其外延。北京的月坛就是明嘉靖年间为皇家祭月修造的，每当中秋月升起，便于露天设案，将月饼、石榴、枣子等糕点与瓜果供于桌案上，继而拜月

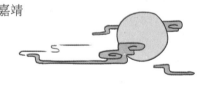

赏月享用祭品。有一个咏月的传奇："有一年中秋之夜，明太祖朱元璋让儿孙作诗。太子云：'昨夜严滩失钓钩，何人移上碧云头？虽然未得团圆相，也有

清光遍九州。'长孙吟：'谁将玉指甲，掐破碧天痕，影落江湖里，蛟龙未敢吞。'太祖觉得'未得团圆'和'影落江湖'都不是吉兆，没有赏赐咏'月'之'饼'。果然懿文太子死在朱元璋之前，建文帝没有保住皇帝的宝座，流落江湖，不知所终。"尽管有人说不可尽信，盖因后来建造的月坛的碑刻中没有收录这两首诗，但从"上有所好，下必有甚"的角度讲，明人对于中秋节与"月饼"的重视当是毋庸置疑的。

中秋"月饼"名闻遐迩以至于成为中华饮食文化的载体之一，源于"月"。南宋钱塘人吴自牧《梦粱录》有曰：

> 此际（中秋节）金风荐爽，玉露生凉，丹桂香飘，银蟾光满。王孙公子，富家巨室，莫不登危楼，临轩玩月，或开广榭，玳筵罗列，琴瑟铿锵，酌酒高歌，以卜竟夕之欢。至如铺席之家，亦登小小月台，安排家宴，团围子女，以酬佳节。虽陋巷贫窭之人，解衣市酒，勉强迎欢，不肯虚度。此夜天街卖买，直至五鼓，玩月游人，婆娑于市，至晓不绝。

圆月若轮也，"江天一色无纤尘，皎皎空中孤月轮"，初唐张若虚《春江花月夜》如是；若盘也，"汗漫铺澄碧，朦胧吐玉盘"，晚唐李群玉《中秋君山看月》如斯；若镜也，"团团冰镜吐清辉"，北宋孔平仲《玩月》如此……文人笔端的圆月内蕴是何其丰富乃尔？于是乎，每到中秋，圆月在焉，都会不由自主地想起明朝的解缙！

之所以想到解缙，是因为他"无中生有"的超现实主义想象力。明永乐年间的一个月圆之夜，朱棣大宴群臣，赏"月"食"饼"以行乐。哪知"月亮不知'王'的心"，居然避世而"躲进'云层'成一统，管他春夏与秋冬"。成祖十分扫兴，便令解缙赋诗，解缙深悟其救场心意，立即出口成章，作《落梅风》一首："嫦娥面，今夜圆，下云帘不着臣见。拼今宵倚阑不去眠，看谁过广寒宫殿。"成祖闻之，果然大喜。真佩服解缙，硬是把"无奈"变成了"胜景"：云遮雾障，的确已看不到美丽的嫦娥了，但既然她寂寞，就定然会有客前来造访，那么，来者是谁呢？是伐桂的吴刚，还是桂花树下淘气的玉兔？是从银河岸边飘来的织女，还是神话传说中也上过月宫的唐明皇？让人们尽情地猜吧！于是在广阔的想象空间中也就有了一种情调，一种缠绵，一种空灵……

当然，佩服之余，颇觉失望。就文人的创作水平来说，解缙思维灵敏远超"七步成诗"的曹子建，但就文人的德行品性来讲，充其量是察言观色引君主生乐的奴才而已。

说是失望，表明心里拥有的是一份过高的期望；想不到大绅还有此般人生败笔，让人扼腕叹息。

解缙儿时有"神童"之称。其出身贫穷，父亲是开豆腐作坊的。他平日帮着父亲做做豆腐，空下来就发愤读书。7岁已能作联吟诗，且出口惊人。宰相邀他到家与之对联，竟然针锋相对，凛然不可侵犯：出句"小犬乍行嫌路窄"轻慢，对句"大鹏展翅恨天低"言志；出句"井底蛤蟆青间绿"嘲笑，对句"盘中螃蟹白映红"相讽；出句"天做棋盘星做子，谁人敢下？"显淫威，对句"地作琵琶路作弦，哪个能弹？"示不屈；出句"月下子规喉舌冷"乱人方阵，对句"花中蝴蝶梦魂香"将错就错。

俗话说："七岁看老。"解缙铮铮铁骨之本性定矣，事实也基本如此。他才思敏捷，19岁中进士，为明太祖朱元璋所器重，后因上"万言书"批评朝政，被罢官8年之久。永乐初，任翰林学士，主持编修《永乐大典》。不久，又被排挤出朝。永乐五年（1407）二月明成祖立太子，他仗义执言扬仁孝长子、抑专横次子，又加应制作诗"虎为百兽尊，谁敢触其怒？唯有父子情，一步一回顾"，遭贬广西，降为布政使司参议。永乐八年（1410）他赴京私谒太子，为朱高煦发觉，告以私觐东宫，必有阴谋，致使龙颜大怒，将他逮捕下狱，后被怀恨在心的高阳郡王密令用酒灌醉，弃于积雪，活活冻死。时永乐十三年（1415），仅47岁。

一代才俊就这样从精神与肉体上消失了。倘若他能再把吟诗附和巴结的活络“手腕”拿出来耍一耍，当命不该休矣。可解大绅并没有这样做，盖良知未泯。

解缙的死应该说传递了一个信息：在专制条件下，即便是堂堂君子，欲没有一点奴才相，也很难做到；而不在“伴君如伴虎”中快速繁殖自己的奴才细胞，那只有死路一条。

中秋月圆之际，自古亲人团圆之日，不能如愿，是为遗恨。

苏轼《水调歌头·明月几时有》有叹：

> 明月几时有？把酒问青天，不知天上宫阙，今夕是何年。我欲乘风归去，又恐琼楼玉宇，高处不胜寒。起舞弄清影，何似在人间！
>
> 转朱阁，低绮户，照无眠。不应有恨，何事长向别时圆！人有悲欢离合，月有阴晴圆缺，此事古难全。但愿人长久，千里共婵娟。

东坡居士词中就透露出如斯情思。

中国人看重圆，缘于中国传统文化每每以圆为美。在传说中，天地原是一个叫“混沌”的“圆”状物。今天的天地是人类始祖盘古将“混沌”劈开后形成的，因此“圆”又象征着天地万物周而复始生生不息的永恒规律，所以追求“圆满”成了国人人生的最高境界。在华夏的建筑、工艺、书画、戏曲等艺术门类中都可以发现以“圆”为标准的审美观。

不幸的是，中国人追求圆满，常常嬗变为圆熟抑或圆滑。

“人生天地之间，若白驹之过隙。”与时俱进地看，菱而圆之“月饼”正在"天翻地覆慨而慷"。

国家卫生计生委官网近日发布《国家卫生计生委办公厅关于征求拟批准金箔为食品添加剂新品种意见的函》，就金箔作为食品添加剂加入白酒征求意见，立即引起众多争议。央媒批黄金入酒："是否要步天价月饼后尘，为浮华风气推波助澜?"曾几何时的天价"月饼"，大多公款采购，配以红酒、进口食品做成礼篮，千元的礼篮瞬间就能变成万元甚至数十万元。坊间戏言："买的不吃，吃的不买；顺藤摸瓜，硕鼠当家。"

在时下"打虎"反腐的背景下，出现了一种将传统文化与电子科技巧妙融合的新一代中秋好礼——电子"月饼"，数码相框让"月饼"家族从此进入了"有声有色的新时代"，把用数码设备拍摄下来的开心满足的照片、音频、视频通过互联网快速传递而播放出来，随时欣赏和分享创新科技带来的幸福和喜悦。

研究礼仪与民俗文化的专家指出，电子"月饼"的诞生相对于传统月饼有三大突破："活络"起来而具有动态之感，"新鲜"起来而具有质地之感，"独特"起来而具有珍贵之感。窃以为尚有最关键一大突破——"纯洁"起来而具有"君子之交淡如水"之感！

「凉皮」尽管为陕西汉族特色小吃，名闻遐迩，可物美价廉。同治七年冬天，安德海迎娶徽班唱旦角的九岁红马赛花，慈禧太后那赏赐的千两白银与百匹绸缎够买多少碗「凉皮」以供「好皇帝」咸丰身前吃多少年甚或多少辈了？

咸丰 与 "凉皮"

南方网转自央视的《舌尖上的中国》披露，"中国十大吃货皇帝"里有咸丰，"入选理由：爱吃凉皮"，具体展开文字为："咸丰帝爱吃凉粉。他微服私访，在大街胡逛，看到有卖凉粉的。他一口气吃了两碗凉粉。吃完后，直夸凉粉味道好极了。为了能天天吃这人间美食，便把卖凉粉的叫到了宫中，一连吃了一个月的凉粉。顿顿吃，天天吃，咸丰帝最后直接吃腻了凉粉，在短时间之内是不会再吃了。卖凉粉的后把祖传手艺传给了御厨，也好日后能随时为皇帝做凉粉。"

其实，"凉皮"与"凉粉"是有区别的。它们的原料虽非粮食即杂豆，但成分有很大差别。

"凉皮"大多是利用大米、小麦、豆类诸原料中所含的蛋白质制成，主要成分是水、蛋白质和淀粉，大概分别占总重量的64％、24％和12％，其余2％主要是膳食纤维、脂肪和矿物质等。"凉粉"大多是利用绿豆、扁豆、蚕豆、豌豆、大米、土豆等原料中所含的淀粉制成，主要成分是水和淀粉，分别占其重量的90％和9％，其余1％主要是膳食纤维，蛋白质、脂肪和其他营养素含量极少。

"凉皮"与"凉粉"的制作方法亦大相径庭。

"凉皮"分为米皮和面皮两大类。有一种较适合家庭的简便做法：

1 面粉250克、澄面粉50克、盐5克、水450毫升，黄瓜1条、胡萝卜2根、香菜适量，油泼辣子或蒜香辣椒油、芝麻酱、炸花生米、香油、糖、醋各适量；

2 把材料里的粉类混合加上盐，倒入300毫升水，用擀面杖朝一个方向使劲搅拌，等搅到面糊里的粉粒几乎全跟水融合，用筛过滤，去掉没法搅拌均匀的粉粒；

3 面糊静置半小时（如有条件请静置一晚上，让面粉与水充分混合），加水150毫升稀释一下，搅拌均匀，得出细腻浓稠如同牛奶般质地的面糊，做凉皮用的面糊就开好了；

4 热平底锅，刷油，倒入一勺面糊，面糊的量刚好薄薄地平铺锅底，面糊倒入后迅速抖动平底锅，让面糊均匀平铺其上；

5 加盖等20到30秒左右，直到面糊成形，变成半透明状的面皮并在锅里鼓起；

6 准备一只大而平的碟子，把面皮迅速倒在碟子上，注意动作要快，不要把面皮倒成一团；

7 在倒下来的面皮上薄刷一层生油，然后继续重复做面皮，层叠倒在其上；

8 把冷却的面皮切成条；

9 按个人口味切点配菜，如黄瓜丝、胡萝卜丝及香菜碎，吃的时候跟面皮面筋一起加油泼辣子、香蒜水、少许糖、盐、陈醋、稀释的芝麻酱等调料，撒上捣碎的花生米，搅拌均匀即可。

"凉粉"的制作方法是将绿豆粉泡好搅成糊状,水烧至将开,加入白矾并倒入已备好的绿豆糊,放凉至白色透明而呈水晶状。一般有凉拌与煎粉两种吃法。凉拌的时候不能用刀子切,当用一个特制的圆形的上面布满圆孔的浅勺般的铁皮镂子一圈圈在凉粉上盘旋,粉条就从那一个个圆孔中出来了,然后装在碗里,加上红色的辣椒水、绿的荆芥、麻油、香醋、细盐、大蒜汁等调料。煎粉和凉拌相比有点复杂:先将凉粉切成麻将大小,然后在锅里放上油、盐、葱、姜之类,用文火将凉粉煎成金黄,香气四溢,让人垂涎。在四川地区还有一种煮凉粉的特殊方法,把凉粉过水煮了之后,就上碎芹菜和葱,浇上炒制的酱料,又香又辣。

"凉皮"与"凉粉"均历史悠久。前者现存西府宝鸡擀面皮、汉中米皮、秦镇米皮等流派,传说源于秦始皇时期:"有一年,陕西鄠县(即今陕西户县)秦镇一带大旱,稻谷枯萎,百姓无法向朝廷纳供大米,有个叫李十二的用大米碾成面粉,蒸出面皮,献给秦始皇,秦始皇吃后大喜,命每天制作食用,形成了久负盛名的汉族传统小吃——秦镇大米面皮子。"后者现存遵义豌豆凉粉、广式凉粉、潮汕草粿、四川米凉粉、浆水凉粉、织金荞凉粉、信宜鲜凉粉、陇东凉粉、汉中凉粉、毛脸凉粉、四川绿豆凉粉、川北凉粉、青海凉粉、确山豌豆凉粉、阜阳豌豆凉粉、巧家凉粉、潼南凉粉、山西浑源凉粉、青岛凉粉、应县凉粉和家常凉粉。宋人孟元老《东京梦华录》称北宋时汴梁已有"细索凉粉"。

咸丰究竟是爱吃"凉皮"还是"凉粉"?

"凉皮"含有较多的蛋白质,营养价值不仅整体高于典型的淀粉制品"凉粉",而且高于面条、拉面、切面等普通面食。因此,"凉皮"适量多吃无妨,甚至可以代替部分主食;而"凉粉"的营养价值远低于普通粮食,不宜多吃,否则容易引起营养不良。

▲ 咸丰

从"可以代替部分主食"而咸丰"一连吃了一个月"，且"顿顿吃，天天吃"来看，估计是"凉皮"。

清文宗系清朝第九位皇帝，入关后的第七位皇帝，蒙古族称图格莫尔额尔伯特汗，中国历史上最后一位手中握有实际统治权的皇帝："从个人际遇来说，在华夏历代帝王之中，咸丰皇帝大概是命运最不济的。太平天国运动这一最大的农民起义让他赶上了；西方列强入侵中国的3000年未有之变局让他摊上了；数千年封建社会积重难返的没落也让他碰上了……"

为了挽救统治危机，咸丰重用汉族官僚曾国藩，提拔敢于任事的肃顺，同时，他罢斥了道光朝任军机大臣20余年、贪位保荣、妨贤病国的穆彰阿，处决了第一次鸦片战争中主持和局、臭名昭著的投降派官员耆英。生活也比较勤谨。

纵观古今，大凡临危而图治者生活一般是相对"勤谨"的，我们从"下有所甚"可窥"上有所好"。

清代文学家、兴化才子刘熙载（1813—1881）咸丰三年（1853）被皇上任命为"上书房行走"，成了皇帝的老师，岂料他衣食住行方面还是当翰林时的那副穷酸相，尤其是食。

那时，每逢节日，太监都要送一点小礼给入值上书房的官员，表面上是表示恭敬，实际上是以此来讨赏。因为进了上书房就能经常和皇帝接触，其他的官员都要巴结他们，好处大得很。刘熙载进上书房后，年底，太监就拎了酒肉到他寓所去。虽是严冬，刘家却连个火盆都没有，而他正蹲在灶前烧

柴煮饭。太监揭开锅盖一看，煮的是糙米饭，炖的是白菜，失望地说："刘老爷，你自甘贫苦到这个地步，我们也不忍心向你讨赏了！"回到皇宫，公公们不无揶揄道："刘翰林怪不得穿得像个厨子，他在家里当真做厨子呢！"从此，"厨子翰林"这个雅号就在京城传开了。

此事有根有据。《慧因室杂缀》是一本民国时的笔记体史料，作者目前还没有确切的考证，其中记载："兴化刘熙载，咸丰朝以编修入直上书房，徒步而往，大风雪未尝乘车，衣履垢敝，诸王子窃笑之，呼之为厨子翰林。"

"凉皮"尽管为陕西省汉族特色小吃，名闻遐迩，可物美价廉，现代人从"咸丰与'凉皮'"上，是否能看到一丝清廉?！

遗憾的是，"清廉"的咸丰一时有眼无珠，英年驾崩后竟然亦留下个"腐败"的"娶妻"太监安德海。

所幸的是，为官廉洁刚烈的山东巡抚丁宝桢智杀了这一"坏制度"宠爱的权监。尽管主流的《清史稿》为了在位者的面子，对此记载仅有区区140字，但非主流的《清史演义》《同治皇帝》等野史、小说则借机大肆演绎斯民心所向之事件，令思想者感慨不已。

同治七年（1868）冬天，安德海在北京前门外天福堂大酒楼大摆酒宴，迎娶徽班旦角艺名九岁红的马赛花，慈禧太后赏赐的那千两白银与百匹绸缎能买足够多的"凉皮"以供"好皇帝"咸丰吃多少年甚或多少辈子了！

第四章 酒茶

品味饮趣酒茶莫属

酒文化
酒文化
黄酒
白酒
白酒 龙井茶
茶文化
黄酒
龙井茶
祁门红茶
茶文化 龙井茶
白酒
黄酒

虽然不能说汉字是汉人共同参与创制的，但无疑是千百代有志汉字的人们集体智慧的结晶。把仓颉视为在汉字发展中作过贡献的代表人物，完全可以，但是如果认为汉字就是他一人所造，无异于降低了汉字在世界语言史中的分量。「杜康造酒」，亦然！

杜康 与"酒文化"

杜康又名少康，是中国古代传说中的酿酒始祖。因为是传说，所以众口不一：或为黄帝大臣，或为夏代君主，或为东周酒圣，或为汉代杜康。但万变不离其宗：酿酒。宋人高承《事物纪原》叹道："不知杜康何世人，而古今多言其始造酒也。"

黄帝大臣——

黄帝在位期间，播百谷草而粮食丰收。掌管粮食的杜康见吃不完，就藏在干燥后空心的树干里。一次，他惊奇地发现储粮的枯树前有很多野猪、野羊、野兔……甚至还有"林中之王"狮子在酣睡，他连忙走近想看看究竟是什么打破了"弱肉强食"的丛林法则使之"和谐"相处：原来盛粮的树干日晒雨淋之下禁不起里面粮食的挤压开裂了，而裂开的几个口子正在向外不断渗出清香扑鼻的水，尝几口就有飘飘欲仙之快感，顿觉睡意袭来。杜康忙把浓香诱人的水带回家给大家品尝，于是酒在民间逐渐普及开来。

夏代君主——

东汉经学家、文字学家许慎《说文解字·巾部》释："古者少康初作箕、帚、秫酒。少康，杜康也。葬长垣。"启袭禹位，华夏诞生了第一个王朝。继

启位的太康荒淫无道，被夷族酋长后羿夺位失国，但后羿随即又被亲信寒浞取代。太康逃到同姓部落斟鄩那里，后羿灭掉斟鄩，拥立仲康。仲康之子相逃奔商丘，遭到夷族的讨伐。此时，相的妻子后缗正怀有身孕。她逃到有仍氏，生下了少康。寒浞为斩草除根，派人捉拿少康。少康无奈，跑到有虞氏的地盘，做了那里掌管膳食的庖正。少年的杜康平时以放牧为生，带的饭食挂在树上，常常忘了吃。一段时间后，少康发现挂在树上的剩饭变了味，产生的汁水竟甘美异常，这引起了他的兴趣。经反复研究，终于发现了自然发酵的原理，遂有意识地进行效仿，并不断改进，终于形成了一套完整的酿酒工艺。少康不但富有发明的才能，而且具有反抗的精神，他在有仍氏、有虞氏的鼎力帮助下，后来还战胜寒浞，恢复了王位，历史上称之为"少康中兴"。

东周酒圣——

秦国丞相吕不韦《吕氏春秋》与西晋张华《博物志》等史书记载，杜康是周朝大夫杜伯的后代。周宣王四十三年（前785），杜伯因"莫须有"的罪名被周宣王杀害，杜康为了躲避灾祸逃到河南汝阳县城北一个景色秀丽的小山村，做起了牧羊工。放牧时，杜康常将吃剩的秫米团扔进附近的桑树洞中。一天，杜康闻到一阵扑鼻的芳香，并隐约见有许多透明的液体从树洞中流出。杜康尝后觉得十分甘美，于是便仿照这种方式，不断研制，酿出了专供人们饮用的秫酒。周平王迁都洛阳后尝到这种口感绝佳的酒，便把它定为宫中御酒，并封杜康为酒仙，赐杜康所住的名不见经传的小山村为"杜康仙庄"。

汉代杜康——

清乾隆十九年（1754），白水知县梁善长纂修

《白水县志》记载："汉，杜康，字仲宁，相传县之康家卫人，善造酒。"康家卫村坐落在陕西白水县城西七八里光景处，村的东头有一道被洛水（黄河支流洛河的古称）长年冲刷而形成的杜康沟。沟的源头有一眼杜康泉，俗传因杜康取此沟之泉水造酒而名之。县志的略图上还标着杜康墓的位置。墓旁修有杜康庙，每年正月二十一，乡民们都要来此祭奠。

杜康究竟是何时何地人？

以上四种说法都"有鼻子有眼"，后三个还有文字记载。

可"文化搭台，经济唱戏"正"不亦乐乎"的眼下，作为河南长垣县只说境内有"子路墓"而并未讲有"杜康墓"，倒是白水县确有其墓，还称之为"白水'四圣'（仓颉、杜康、雷祥、蔡伦）之一"。

河南省汝阳杜康酒厂杜康仙庄内也有"杜康墓"，该墓墓冢周长30多米，高3米。冢前有清康熙二十八年（1689）的石碑，石碑上刻"酒祖杜康之墓"。墓冢底座是唐代的屃赑，两侧矗立着两个歇山碑楼，上记杜康传略和杜康墓园铭。

乾隆三十一年（1766），汝州知县李章堉撰修《伊阳县志》记载："杜康庙在城北五十里杜康仙庄，建于魏，盛于唐，明末遭劫，康熙五十年（1711）重修，岁正月二十一日庙祀赛烹，香火不断。"道光十八年（1838）汝州知州白明义编修《直隶汝州全志》记载："伊阳古迹，杜康矶，在城北五十里，俗传杜康造酒处，弟茅柴传其酿法。有杜水，《水经注》名康水。"伊阳即今之汝阳。

文化总是丰富饱满的，这就决定了其内部结构必然有多个层次——

"物态文化层：人类的物质生产活动方式和产品的总和，属于可触知的具有物质实体的文化事物；制度文化层：人类在社会实践中组建的各种社会行为规范；行为文化层：人际交往中约定俗成的以礼俗、民俗、风俗等形态表现出来的行为模式；心态文化层：人类在社会意识活动中孕育出来的价值观念、审美情趣、思维方式等主观因素，相当于通常所说的精神文化、社会意识等概念，这是文化的核心。"

"杜康"就"酒文化"的角度来审视，虚实相间正是"文化"的反映。

尽管从考古和历史文献记载来看，有学者认为："夏代中国已经出现酒器；商代就有'酒池肉林'的传说；到周朝，牧民者认为殷商灭亡的一个重要原因是酗酒乱德，周公为此颁布了禁酒令《酒诰》。作为'酒祖'杜康，其生活年代应该不晚于斯三代时期。"

有人指出，在中国历史上，夏禹可能是最早提出禁酒的帝王，《战国策·魏策》中可见一斑——

梁惠王魏罃在范台宴请各国诸侯。酒兴正浓的时候，梁惠王向鲁共公敬酒。鲁共公站起身，离开自己的坐席，正色道："从前，舜的女儿仪狄擅长酿酒，酒味醇美。仪狄把酒进献给了禹，禹喝了之后也觉得味道醇美。但因此就疏远了仪狄，戒绝了美酒，并且说道：'后代一定有因为美酒而使国家灭亡的人。'齐桓公有一天夜里觉得肚子饿，想吃东西。易牙就煎熬烧烤，做出美味可口的菜肴给他送上，齐桓公吃得很饱，一觉睡到天亮还不醒，醒了以后说：'后代一定有因贪美味而使国家灭亡的人。'晋文公得到了美女南之威，三天没有上朝理政，于是就把南之威打发走了，说道：'后代一定有因为贪恋美色而使国家灭亡的人。'楚灵王登上强台远望崩山，左边是长江，右边是洞庭，俯视方淮之水，觉得山水之乐可以使人忘记人之将死，于是楚王发誓不再登高游乐。后来他说：'后代一定有因为修高台、山坡、美池，而致使国家灭亡的人。'现在您酒杯里盛的好似仪狄酿的美酒；桌上放的是像易牙烹调出来的美味佳肴；您左边的白台，右边的闾须，都是南之威一样的美女；您前边有夹林，后边有兰台，都是强台一样的处所。这四者中占有一种，就足以使国家灭亡，可是现在您兼而有之，能不警戒吗？"梁惠王听后连连称赞谏言非常之好。

鲁共公历数大禹与美酒、齐桓公与美味、晋文公与美女南之威、楚灵王与美景楼台诸典故的深意姑不论，这"一斑"提供了另一个信息：虞舜的女儿仪狄相传是我国最早的酿酒人。

倘若以尧、舜、禹、皋陶、伯益、汤等均是中华民族的共同始祖——黄帝的后裔，而杜康可能是"黄帝大臣"来证明杜康的创始人地位，则有些牵强。但"杜康"因酒而令历代无数迁客骚人"竞折腰"应该是事实，以唐宋这一中国文化的心灵高峰为例——

◆ 杜甫《题张氏隐居·之子时相见》："杜酒频劳劝，张梨不外求。"

◆ 白居易《镜换杯》："不似杜康神用速，十分一盏便开眉。"

◆ 刘方平《醉酒》："共与甫冉行，杜酒带醉风。凝看杜康泉，裴雾乱绕空。"

◆ 邵雍《逍遥津》："总不如盖一座安乐窝，上有琴棋书画，下有渔读耕樵，闲来了河边钓，闷来了把琴敲。吃一辈子杜康酒，醉乐陶陶……"

◆ 杨万里《新酒歌》："酸酒斋汤犹可尝，甜酒蜜汁不可当。老夫出奇酿二缸，生民以来无杜康。"

◆ 辛弃疾《沁园春·杯汝知乎》："杜康初筮，正得云雷。"

◆ 陆游《醉赋》："今又大悟，万事付一觞。书中友王绩，堂上祠杜康。"

◆ 刘克庄《即事一首》："书卷交疏觉昼长，田园收薄值年荒。老而用事独毛颖，何以解忧惟杜康。"

……

当然，亦有持论"康狄"者——

北宋吴淑《酒赋》："君子有酒，旨且有。若夫仪狄初制，少康造始。"

南宋陈造《戒饮三诗（其一）》："毒痛痛受辛，斩刈憎暴秦。杜康与仪

狄，贼物其罪均。"

"康狄"，杜康和仪狄的并称。三国魏曹植《七启》："乃有春清缥酒，康狄所营，应化则变，感气而成。"两人皆传说中古之善酿酒者。

先秦史官修撰的《世本》记载："仪狄始作酒醪，变五味。少康作秫酒。"醪是一种糯米经过发酵而成的醪糟儿，性温软，味甘甜，多产于江浙一带，现在的不少家庭中仍自制洁白细腻而稠状的醪糟儿，上面的清亮汁液颇近于酒。醪糟儿的糟糊可当主食。秫是高粱的别称，秫酒指的是使用高粱这种原料造的酒。一定要把仪狄或仪狄与杜康均当作酒的创始人，是否可以认为仪狄与杜康分别属于黄酒与白酒的创始人？

事实上，古代所说的"白酒"这一名称不是指蒸馏酒，而是指与黄酒相类的米酒，只是到了现代才用白酒代表经蒸馏的酒。我国古代文献中蒸馏酒的称谓主要有烧酒与烧春。

中国的酒主要分黄酒和白酒（烧酒或曰烧春）两大类，白酒是把发酵的酿酒原料经过蒸馏设备和技术提高酒精的含量，改善丰富其品味，属于后起的发展。白酒之根在黄酒，故黄酒在中国酒文化史上据有先祖的地位。

不过，对于酒的祖先究竟是谁，我们大可不必纠结。

唐人李瀚《蒙求》云："杜康造酒，仓颉制字。"一个民族的成熟的文字体系不可能一朝一夕形成，必然要经历孕育雏形、尝试选炼、渐增字数、完善功能的发展阶段。虽然不能说汉字是汉人共同参与创制的，但无疑是千百代有志汉字的人们集体智慧的结晶。把仓颉视为在汉字发展中作过贡献的代表人物，完全可以，但是如果认为汉字就是他一人所造，无异于降低了汉字在世界语言史中的分量。

"杜康造酒"，亦然！

李白生前不乏『吴姬压
酒劝客尝』的聚饮，也大有
『举杯邀明月，对影成三
人』的独酌，他的诗中出现
得最多的是孤独的酒与寂寞
的月亮……『黄酒』文化的
韵律里，搏动着李白那一颗
欢乐与忧愁、童趣与城府、
年轻与苍老共生的诗心！

李白 与 "黄酒"

酿造酒根据制酒原料的不同，主要分葡萄酒和谷物发酵的啤酒与黄酒。此三者，并称为世界三大古酒。葡萄酒源自古代波斯，啤酒源于巴比伦王国，均为外来酒种；而黄酒是中国特产，属于国粹。

黄酒产地较广，品种良多，著名的有：山东即墨老酒、兰陵美酒，江西吉安固江冬酒、九江封缸酒，陕西秦洋黑米酒，江苏无锡惠泉酒、张家港沙洲优黄、吴江吴宫老酒、苏州百花洲、南通白蒲黄酒、丹阳封缸酒，上海老酒，浙江绍兴加饭酒、花雕酒、善酿酒、香雪酒，河南鹤壁豫鹤双黄，福建闽安老酒，广东客家娘酒、珍珠红酒，河北张家口北宗黄酒，安徽宣城老春黄（20世纪80年代宣城宣酒厂生产过）等。

古代的文人喜欢喝酒，唐代现实主义诗人杜甫的《饮中八仙歌》描绘得太逼真了："贺知章酒后骑马，晃晃悠悠，如在乘船。他眼睛昏花坠入井中，竟在井底睡着了。""汝阳王李琎饮酒三斗以后才去觐见天子。路上碰到装载酒曲的车，酒味引得口水直流，为自己没能封在水味如酒的酒泉郡而遗憾。""左相李适之为每日之兴起不惜花费万钱，饮酒如长鲸吞吸百川之水。自称举杯豪饮是为了脱略政事，以便让贤。""崔宗之是一个潇洒的美少年，举杯饮

酒时，常常傲视青天，俊美之姿有如玉树临风。""苏晋虽在佛前斋戒吃素，饮起酒来常把佛门戒律忘得干干净净。""李白饮酒十斗，立可赋诗百篇，他去长安街酒肆饮酒，常常醉眠于酒家。天子在湖池游宴，召他为诗作序，他因酒醉不肯上船，自称是酒中之仙。""张旭饮酒三杯，即挥毫作书，时人称为草圣。他常不拘小节，在王公贵戚面前脱帽露顶，挥笔疾书，若得神助，其书如云烟之泻于纸张。""焦遂五杯酒下肚，才得精神振奋。在酒席上高谈阔论，常常语惊四座。"

其中似以李白为最。

感叹于李白饮酒以斗数来衡量之余，有疑焉。莫非今人的酒量业已退化，碰杯时用的尽是几钱装的小酒盅？

其实，太白时代饮用的一般是一种粗糙、浑朴、未经再加工的稠酒或曰米酒，而非后世才推广的以高粱、大麦等谷物经蒸馏酿制的烧酒或曰白酒。即《水浒传》里作为文学真实的武松过景阳冈那"三碗不过冈"的所谓烈酒。

稠酒见诸史册始于商周时期。我国最早的医学文献《黄帝内经》里多次提到的"醪醴"就是稠酒的前身。原汁不加浆者叫"撇醅"。《诗经·周颂》里有"为酒为醴"的诗句。《汉书·楚元王传》也有元王为穆生设醴的记载，北魏高阳郡太守贾思勰《齐民要术》中称为"白醪"。盛唐时期，古长安长乐坊出美酒，这在段成式《酉阳杂俎》中有所反映。据说，朝野上下，莫不嗜饮。难怪宋人陆游会说："唐人爱饮甜酒。"

稠酒和黄酒的酿造工艺几乎完全一致，说"几乎"是因在醪糟和酒液的分离上有所不同。黄酒通过压榨，过滤了发酵液中的固体物（混合物为醪糟），酒液澄清透明，而稠酒则是将发酵液中的固形物打碎仍然混合在酒体中，酒液浑浊，也称浊酒。小范老子（宋时西夏人对范仲淹的尊称）《渔家傲·秋思》内所谓"浊酒一杯家万里"之"浊酒"，大抵说的就是此物。

第四章　酒茶　◇◇　品味饮趣酒茶莫属

147

黄酒是用麦曲或小曲做糖化发酵剂制成的酿造酒。约在3000多年前的商周时代，中国人就以独创的酒曲复式发酵法，开始大量酿制黄酒。李白绝对喝过黄酒，有其诗为证——

《客中行》有云："兰陵美酒郁金香，玉碗盛来琥珀光。但使主人能醉客，不知何处是他乡。"

这首七绝作于东鲁兰陵（今山东兰陵），题中以兰陵为"客中"，应为唐玄宗开元年间（713—741），亦即入京前的作品。李白重朋友情谊，嗜"兰陵美酒"，爱游历山川，当时社会呈现的民殷财阜物美的繁荣景象，使其心中充满了美好。

《哭宣城善酿纪叟》有曰："纪叟黄泉里，还应酿老春。夜台无李白，沽酒与何人？"

这首五绝是李白在安徽宣城为悼念一位善于酿"老春黄"的老人而写的，寥寥数语寻常事，却因它的朴拙，流露了真挚动人的情感，广为后人所传诵。

历史上，黄酒的生产原料北方以粟或黍，南方则用稻米。南宋时期，烧酒开始生产，元代在北方得到普及，因而黄酒生产逐渐萎缩。由于南方人饮烧酒者不如北方普遍，黄酒生产得以保留并发展。清朝时期，南方绍兴一带的黄酒称雄国内且具相当的文化内涵。

绍兴花雕酒是从古时"女儿酒"演变而来的。晋代上虞人嵇含的《南方草木状》记载："女儿酒为旧时富家生女、嫁女必备物。"绍兴人家里生了女儿，等到孩子满月时，就会选酒数坛，泥封坛口，埋

于地下或藏于地窖内，待到女儿出嫁时取出招待亲朋客人，由此得名"女儿红"。

除"女儿红"外，绍兴花雕酒还有另一个品牌"状元红"。其得名在于一个与"女儿酒"或曰"女儿红"大致相同的风俗：从前每户绍兴人家诞下婴孩后，都会将一坛花雕酒埋在地底。如果生的是男婴，便盼望他长大后饱读诗书、上京赴考，到有朝一日高中状元回乡报喜，即可把老酒开坛招呼亲朋。不过，能够真正考上状元的人凤毛麟角，因而"状元红"每每名不符实，一般都在儿子结婚时用来招待客人。

有一个奇怪的想法，绍兴花雕酒的这两个大同小异的名酒，李白喜欢哪一个？

窃以为："状元红！"

此看似荒唐，但在"朝为田舍郎，暮登天子堂""万般皆下品，唯有读书高"亦或"读书做官论"之阴魂不散、应试"全国山河一片红"之当下，闲笔不闲一番，实在很有意思！

唐代三大诗人里，香山居士白居易较幸运，但被后人誉为"诗仙"的李白与"诗圣"的杜甫都同科举无缘。确切地说，李白是终生未参加科举，而杜甫则是"举进士不中第，困长安"。究其因，李杜不一样。杜甫为"心理承受能力"差，《奉赠韦左丞丈二十二韵》"骑驴十三载，旅食京华春。朝叩富儿门，暮随肥马尘。残怀与冷炙，到处潜悲辛"的诗中，可见杜工部毫无自尊的经历。青莲居士则系"政审不合格"而"并非清高"的原因："唐代考进士要注明：一、郡县乡里名籍，二、父祖官名，此外出于'上农除末'的指导思想，还规定商人后代或关系比较近的亲属做生意的，不能考进士，至于罪犯后人更没有资格！"李白委实不幸。台湾诗人余光中《寻李白》写有："……至今成谜是你的籍贯，陇西或山东，青莲乡或碎叶城，不如归去归哪个故乡？凡你醉处，你说过，皆非他乡……""大抵是个混血儿，而且其既为罪人之后，又乃商人之子。"李白先父李客是因罪而窜谪至西域的，陈寅恪先生在《李太白氏族之疑问》中这么认为。李白的遭遇与成分论或曰阶级论有关，说明历史有时会有出奇的相似之处。

《为宋中丞自荐表》是唐肃宗时，李白替中丞宋若思写的一篇把自己推荐给肃宗的文章。在文章中，李白历叙自己的志向、才华和经历："怀经济之才，抗巢、由之节。文可以变风俗，学可以究天人，一命不沾，四海称屈。伏惟陛下大明广运，至道无偏，收其希世之英，以为清朝之宝。"

有唐一代，隐逸之风十分盛行。众多隐逸之士中，动机多有不同，而作为其中一种特殊的隐逸途径，终南捷径与唐代统治者对隐士的优遇不无关系。李白在开元时期隐逸的目的是无奈之余制造声势而待价而沽，最终曲线入仕而飞黄腾达。

然而，"天生我材必有用"的李白从未担任过正式的官员，只是在被卷进政治漩涡之际，有过短暂而不凡的从政经历——

前一次是待诏翰林，落得个"赐金还山"的结局，多少留了点情面；后一次是附从永王，落了个被投进监狱的下场，差一点丢了性命。

然而，李白并没有因此而消沉、隐匿而远离政治，相反一如既往地热切要求参与政治，渴望一展才华而获得成功。李白与酒共同创造的具有"太白遗风"性质的浪漫主义，无不透露出诗人不见容于朝的政治遭遇和有志难展的苦闷心情，换言之，借酒消愁。纵然其与开浪漫主义先河的屈原在想象方面具备一定的连贯性、统一性。

实质上，李白的功利性是颇强的，在酒上亦能反映出来。比如《赠汪伦》便是李白于泾县（今安徽皖南地区）游历时喝了汪伦的酒而写给汪伦这个在当地有如酒厂老板的"土豪"的一首诗："李白乘舟将欲行，忽闻岸上踏歌声。桃花潭水深千尺，不及汪伦送我情。"

清代袁枚《随园诗话补遗》卷六有录："唐时汪伦者，泾川豪士也，闻李白将至，修书迎之，诡云：'先生好游乎？此地有十里桃花。先生好饮乎？此地有万家酒店。'李欣然至，乃告云：'桃花者，潭水名也，并无桃花。万家者，店主人姓万也，并无万家酒店。'李大笑，款留数日，赠名马八匹，官锦十端，而亲送之。李感其意，作《桃花潭》绝句一首。"

李白生前不乏"吴姬压酒劝客尝"的聚饮，也大有"举杯邀明月，对影成三人"的独酌，他的诗中出现得最多的是孤独的酒与寂寞的月亮："唯愿当歌对酒时，月光长照金樽里"；"我寄愁心与明月，随君直到夜郎西"；"俱怀逸兴壮思飞，欲上青天揽明月"……

"黄酒"文化的韵律里，搏动着李白那一颗欢乐与忧愁、童趣与城府、年轻与苍老共生的诗心！

至少早在汉朝中国就有白酒了，曹操曾向汉献帝刘协进家乡亳州产的"九酝春酒"，并上表说明其制法"九酝酒法"。想当年刘伶喝的是白酒，那时的蒸馏技术没有眼下成熟抑或高超，酒精度数不会太高，否则"超级酒鬼"真的要成"鬼"了！

刘伶 与"白酒"

刘伶（约221—300），字伯伦，沛国（今安徽濉溪县）人，系"竹林七贤"之一。

"竹林七贤"是魏晋时期七位名士的合称，其年代较"建安七子"晚一些，包括嵇康、阮籍、山涛、向秀、刘伶、王戎及阮咸。因七人常聚在当时的山阳县竹林之下，肆意酣畅，故名之。他们大都"弃经典而尚老庄，蔑礼法而崇放达"。在政治上，嵇康、阮籍、刘伶对司马氏集团均持不合作态度，嵇康因此被杀。山涛、王戎等则先后投靠司马氏，历任高官，成为司马氏政权的心腹。刘伶为避免政治迫害，遂嗜酒佯狂。一次，有客来访，他不穿衣服被客责问，答曰："我以天地为宅舍，以屋室为衣裤，你们为何入我裤中？"他这种放荡不羁的行为表现出对名教礼法的否定。一生传世之作唯有《北芒客舍》诗一首、《酒德颂》文一篇。

《酒德颂》不长，兹录如下——

有大人先生者，以天地为一朝，万期为须臾，日月为扃牖，八荒为庭衢。行无辙迹，居无室庐，幕天席地，纵意所如。止则操卮执觚，动

则捃楔提壶，唯酒是务，焉知其余？

有贵介公子，搢绅处士，闻吾风声，议其所以。乃奋袂攘襟，怒目切齿，陈说礼法，是非锋起。先生于是方捧罂承槽、衔杯漱醪；奋髯箕踞，枕曲藉糟；无思无虑，其乐陶陶。兀然而醉，豁尔而醒；静听不闻雷霆之声，熟视不睹泰山之形，不觉寒暑之切肌，利欲之感情。俯观万物，扰扰焉，如江汉之载浮萍；二豪侍侧焉，如蜾蠃之与螟蛉。

其大意为——

"有一个大人先生，他把天地开辟以来的漫长时间看作是一朝，他把一万年当作一眨眼工夫，他把天上的日月当作自己屋子的门窗，他把辽阔的远方当作自己的庭院。他放旷不羁，以天为帐幕，以大地为卧席，他自由自在。停歇时，他便捧着卮子，端着酒杯；走动时，他也提着酒壶。他只以喝酒为要事，又怎肯理会酒以外的事！

"有尊贵的王孙公子和大带的隐士，他俩听到我这样之后，便议论起我来。两个人揎起袖子，撩起衣襟要动手，瞪大两眼，咬牙切齿，陈说着世俗礼法，陈说是非，讲个没完。当他们讲得正起劲时，大人先生却捧起了酒器，把杯中美酒倾入口中，悠闲地摆动胡子，大为不敬地伸着两脚坐在地上，他枕着酒母，垫着酒糟，不思不想，陶陶然进入快乐乡。他无知无觉地大醉，很久才醒酒，静心听

▲ 唐·孙位《高逸图》（刘伶）

时，他听不到雷霆的巨声；用心看时，他连泰山那么大也不看清；寒暑冷热的变化，他感觉不到；利害欲望这些俗情，也不能让他动心。他俯下身子看世间万事万物，见它们像江汉上的浮萍一般乱七八糟，不值得一顾；公子、处士在他身边，他认为自己与他们更像蜾蠃和螟蛉一样。"

鲁迅《魏晋风度及文章与药及酒的关系》这篇文章以时间为线索：从董卓之后，曹操专权开始一直到晋末。而在时间主线中又从文章风格写到"建安七子"，然后引出何晏服五石散，接着又延伸到"竹林七贤"与酒，给我们阐述了当时的行文风格，文人吃药和嗜酒的原因。

▲ 清·沈宗骞《竹林七贤》

"竹林七贤"的醉酒癫狂、不遵礼教、狂放不羁，看似一种时代风尚，实际是一种对社会政治强烈不满又无可奈何的悲观的社会心理。迅翁从分析魏晋时期的社会政治、社会心理、时代风尚入手，目的是为了揭示"内容决定形式，形式为内容服务"这一文学创作的基本规律。

其实，刘伶佯狂大可不必以"醉酒"之形式，比如汉人赵晔《吴越春秋·王僚使公子光传》："子胥之吴，乃被发佯狂，跣足涂面，行乞于市。"明人张溥《五人墓碑记》："有剪发杜门，佯狂不知所之者。"清人戴名世《一壶先生传》："一壶先生者，不知其姓名，亦不知何许人，衣破衣，戴角巾，佯狂自放，尝往来登莱之间。"

癫狂的形式颇多，偏偏选择酒，实在与"嗜酒"有关。

酒醉人生是一种"买醉"，唐人李白《梁园吟》："沉吟此事泪满衣，黄金买醉未能归。"元人牟巘《送娄伯高游吴》："男儿年少重意气，春风买醉吴江船。"清人黄景仁《人日舣舟亭探梅》："重游拍手当花前，买醉何须计十千。"

曹操也喝酒，《短歌行》有吟："慨当以慷，忧思难忘。何以解忧？惟有杜康。"从这些诗句就可推知他的喝酒可谓到了"嗜酒"的地步。但他装腔作势要禁酒，说酒可以亡国，非禁不可。孔融反对他，说也有以女人亡国的，何以不禁婚姻？文举并不大讥讽别人，除了曹操。比方曹操破袁氏兄弟，曹丕把袁熙的妻甄氏归了自己，这位"修城邑，立学校，举贤才，表儒术"而人称"孔北海"的才子就写信给曹操，说当初武王伐纣，将妲己给了周公。曹操问他的出典，他说："以今例古，大概那时也是这样的。"

据南朝宋时的历史学家范晔编撰的记载东汉历史的《后汉书·卷七十·郑孔荀列传第六十》："初，京兆人，脂习元升，与融相善，每戒融刚直。及被害，许下莫敢收者，习往抚尸曰：'文举舍我死，吾何用生为？'操闻大怒，将收习杀之，后得赦出。"少有异才的孔融，虽为孔子的第20世孙、泰山都尉孔宙之子，还是没能逃脱一死之宿命，屡屡发难的后果是迫使"宁可我负人，不可人负我"的曹操找了个不孝的借口把他杀了。要是听一听好朋友脂习的忠告，且学一学酒鬼刘伶的醉酒癫狂，大抵命不该丢，即便可能有违"魏晋风度"之真谛。

"魏晋风度"作为魏晋时期名士们所具有的率直任诞、清俊通脱的行为风格，喝酒是要素之一。"竹林七贤"中的刘伶因嗜酒如命而从那个时代扬名至今，"天下好酒数杜康，酒量最大数刘伶"，其中不乏戏剧性故事。

传说洛阳龙门伊川县，南有九皋山，北有龙门山，东有凤山，西有虎山；四山中点缀六泉，上曰古泉，中曰酒泉，下曰龙泉，左谓凤泉，右谓虎

泉，还有一个叫平泉。那时的杜康以泉水酿
酒，并在九皋山下开了一个酒店，门上贴着
一副对联："上联：猛虎一杯山中醉。
下联：蛟龙两盅海底眠。横批：不
醉三年不要钱。"一日，刘伶偶过
见之，便"以身试酒"，谁知三
杯下肚，还未等第四杯斟
满，顿觉得天旋地转，忙辞
别店家跌跌撞撞回到家中。
"三年"后，刘伶家来了个

鹤发童颜、神情飘逸的老翁，说是讨要酒钱。刘伶妻子一看是杜康来要酒
钱，悲伤地告知："刘伶三年前就嗜酒丧命了。"杜康笑道："伯伦酒酣，一梦
而已。"众人不信，开棺发现脸色红润的酒鬼睡眼惺忪，不禁大奇。

　　不管杜康是夏朝人还是汉代人，都应该与刘伶风马牛不相及。我们从这
个"杜刘演义"一窥刘伶好酒程度，源自传说的真真假假常常能在想象与夸
张的非逻辑演绎中升华意蕴。历史上才气过人的刘伶是个矮子，容貌甚为丑
陋而又"自闭"，自从认识阮籍、嵇康之后便认定他们为知己，而其以嗜酒、
豪饮闻名却又是事实。

　　不过，有一点值得商榷，有人讲，传说刘伶醉酒"三年"虽说修辞需
要，可说明那喝的是烈性白酒。

　　问题是，有专家考证，唐朝时传来暹罗（中国史籍对古泰国之称）白
酒，元代时传入印度白酒，在唐朝之前国人喝的都是米酒或曰酿造酒。明朝
医药学家李时珍《本草纲目》记载："烧酒非古法也，自元时创始其法，用浓
酒和糟入甑（如同今之蒸锅），蒸令气上，用器承滴露。"

东汉许慎《说文解字》提到过杜康初作"秫酒"。秫，黏高粱，有的地区泛指高粱，可以做烧酒（白酒）；杜康是古代高粱酒的创始人。

古酒大致分两种：一为果实谷类酿成的色酒，即酿造酒；二为高粱、大麦等谷物经蒸馏酿制成的烧酒或曰白酒，即蒸馏酒。

蒸馏酒是乙醇浓度高于原发酵产物的各种酒精饮料。外国的白兰地、威士忌、朗姆酒和中国的白酒都属于蒸馏酒，大多是度数较高的烈性酒。制作过程为先经过酿造，后进行蒸馏再冷却，最终得到高度数的酒精溶液饮品。

至少早在汉朝中国就有白酒的雏形了。"对酒当歌，人生几何"的曹操不但是饮酒高手，还通晓酿酒技术。他曾向汉献帝刘协进献家乡亳州产的"九酝春酒"，并上表说明其制法"九酝酒法"。献帝饮过此酒后啧啧称赞："真乃天赐美酒。"曾有人从古井集团了解到，"九酝酒法"从文字记载起，至今已经有大约1800年的历史，真的可以称为"世界上最古老的酿酒方法之一"。这种神奇的酿酒方法，"需要用曲三十斤，流水五石，腊月制曲，正月解冻，用上好高粱，三日一酝酿，九日一循环，如此反复……终成佳酿"。饮酒之时香如幽兰，黏稠挂杯，酒后余香悠长，回味数日而不绝。

"九酝酒法"跟近代连续投料的酿酒法大体相似：即在酒醅中，不断投入原料，经根霉菌糖化，补充了酒醅中的糖，使酵母菌能一直在合适的糖度中发酵，酿出的酒醇厚可口，沁人心脾，令人陶醉。而所谓"酒醅"是白酒的工艺术语，指固态发酵法酿造白酒时，窖内正在发酵或已发酵好的固体物料。唐人刘禹锡《酬乐天晚夏闲居欲相访先以诗见贻》诗云："酒醅晴易熟，药圃夏频薅。"

诚如是，大概可以说，想当年刘伶喝的是白酒，估计那时的蒸馏技术没有眼下成熟抑或高超，酒精度数不会太高，否则"超级酒鬼"真的要成"鬼"了！

『茶文化』为饮茶活动过程中形成的文化特征，包括茶道、茶德、茶精神、茶联、茶书、茶具、茶画、茶学、茶故事、茶艺等。『茶道』是『茶文化』的一种，『功夫茶』是『茶道』中的一种；但我们不能说茶叶是『茶文化』的一种。否则，『皮之不存，毛将焉附』？

陆羽 与 "茶文化"

世界著名科技史专家李约瑟有一个观点，茶叶是中国继活字印刷、指南针、造纸术、火药这"四大发明"之后，对人类做出的第五个重大贡献。

宋人毕昇发明活字印刷；中国最早在黄帝战蚩尤的时候，黄帝发明一个铜人装在车上指示方向的"指南车"；汉朝蔡伦发明造纸术；华夏古代炼丹家在炼丹过程中发明火药。

那么是谁"发明"了"茶"？

陆羽（733—约804），字鸿渐，唐朝复州竟陵（今湖北天门）人，一名疾，字季疵，号竟陵子、桑苎翁、东冈子，又号"茶山御史"。一生嗜茶，精于茶道，以著世界第一部茶叶专著《茶经》而闻名于世，对中国茶业和世界茶业发展做出了卓越贡献，被誉为"茶仙"，尊为"茶圣"，祀为"茶神"。

然而，有人以为，茶的发明者不是陆羽，而是皎然——

"茶业、茶学与茶文化、茶道是不同的概念或学科方向，中国茶业、茶学之祖肯定应该是陆羽，然而中国茶文化、茶道之祖应该另有奇人，他与陆羽可以说是不相伯仲，甚或是更伟大的无名英雄。他就是以前只称为唐代诗僧、茶僧的大诗人，一代高僧佛学大师皎然。"

▲ 元·赵原《陆羽烹茶图》局部

皎然（生卒年不详），俗姓谢，字清昼，湖州（今浙江吴兴）人，中国山水诗创始人谢灵运的后代，曾与颜真卿等唱和往还，又与灵澈、陆羽等同居吴兴杼山妙喜寺。他为后人留下了诗篇400余首，多送别酬答之作，其中有一首《寻陆鸿渐不遇》：

移家虽带郭，野径入桑麻。近种篱边菊，秋来未著花。叩门无犬吠，欲去问西家。报道山中去，归时每日斜。

此诗为访友人陆羽不遇之作，种养桑麻与菊花、邀游山林等意象无不体现隐士闲适的生活情趣。

皎然有颇多与"茶"有关的诗。

俗人尚酒，而识茶香的皎然似乎独得品茶之三昧而以茶代酒——

九日山僧院，东篱菊也黄。俗人多泛酒，谁解助茶香。

——《九日与陆处士羽饮茶》

探讨茗饮艺术境界，探索品茗意境的鲜明艺术风格，对唐代中后期咏茶诗歌的创作和发展产生了潜移默化的积极影响——

越人遗我剡溪茗，采得金牙爨金鼎。素瓷雪色缥沫香，何似诸仙琼蕊浆。一饮涤昏寐，情来朗爽满天地。再饮清我神，忽如飞雨洒轻尘。三饮便得道，何须苦心破烦恼。此物清高世莫知，世人饮酒多自欺。愁看毕卓瓮间夜，笑向陶潜篱下时。崔侯啜之意不已，狂歌一曲惊人耳。孰知茶道全尔真，唯有丹丘得如此。

——《饮茶歌诮崔石使君》

描述山僧摘茶情形，记载茶树生长环境、采收季节和方法、茶叶品质与气候的关系，层层相扣，是研究当时茶事的史料——

我有云泉邻渚山，山中茶事颇相关。鹧鸪鸣时芳草死，山家渐欲收茶子。伯劳飞日芳草滋，山僧又是采茶时。由来惯采无远近，阴岭长兮阳崖浅。大寒山下叶未生，小寒山中叶初卷。吴婉携笼上翠微，蒙蒙香刺胃春衣。迷山乍被落花乱，度水时惊啼鸟飞。家园不远乘露摘，归时露彩犹滴沥。初看怕出欺玉英，更取煎来胜金液。昨夜西峰雨色过，朝寻新茗复如何。女官露涩青芽老，尧市人稀紫笋多。紫笋青芽谁得识，日暮采之长太息。清泠真人待子元，贮此芳香思何极。

——《顾渚行寄裴方舟》

"茶经"之名见之此，"楚人茶经虚得名"之句是对陆羽的一种友善的揶揄，在皎然、郑容这些茶道行家眼里，陆羽茶著不登大雅之堂——

丹丘羽人轻玉食，采茶饮之生羽翼。名藏仙府世空知，骨化云官人不识。云山童子调金铛，楚人茶经虚得名。霜天半夜芳草折，烂漫缃花啜又生。赏君此茶祛我疾，使人胸中荡忧栗。日上香炉情未毕，醉踏虎溪云，高歌送君出。

——《饮茶歌送郑容》

其实，历代文人墨客与"茶"有关的诗举不胜举。

……五代后晋郑邈《茶诗》、唐卢仝《走笔谢孟谏议寄新茶》、宋欧阳修《双井茶》、元虞集《次邓文原游龙井》、明徐渭《某伯子惠虎丘茗谢之》、清陈康祺《碧螺春》……

唐诗是中国文学皇冠上的一颗明珠，10多个世纪以来以其无与伦比的艺术魅力征服了无数世人；而茶以其清雅悠长使诗人神思飞扬以至成为他们心灵的伴侣，引发了无数华章，皎然只是其一而已——

◆ 李白（701—762）《答族侄僧中孚赠玉泉仙人掌茶并序》

◆ 储光羲（约707—约762）《吃茗粥作》

◆ 杜甫（712—770）《重过何氏五首》

◆ 皇甫冉（约717—约770）《送陆鸿渐栖霞寺采茶》

◆ 韦应物（约737—791）《喜园中茶生》

◆ 张籍（约767—约830）《和韦开州盛山茶岭》

◆ 刘禹锡（772—842）《西山兰若试茶歌》

◆ 白居易（772—846）《夜闻贾常州、崔湖州茶山境会想羡欢宴因寄此诗》

◆ 元稹（779—831）《茶》

◆ 张文规（生卒年不详）《湖州贡焙新茶》

◆ 杜牧（803—853）《题茶山》

◆ 温庭筠（？—866）《西陵道士茶歌》

◆ 杜荀鹤（846—904）《题德玄上人院》

◆ 郑谷（约851—约910）《峡中尝茶》

◆ 李郢（生卒年不详）《茶山贡焙歌》

……

苏轼一生写过茶诗几十首，而用回文体写茶诗实属罕见，是他的一绝。在题名为《记梦回文二首（并叙）》诗的叙（东坡的祖父名序，避讳将"序"改用"叙"字，有时又写作"题首"）中，苏轼写道："十二月二十五日，大雪始晴，梦人以雪水烹小团茶，使美人歌以饮，余梦中为作回文诗，觉而记其一句云'乱点余花唾碧衫，意用飞燕唾花故事也'。乃续之，为二绝句云。"子瞻真是一位茶迷，竟然连做梦也在饮茶，诗曰：

> 酡颜玉碗捧纤纤，乱点余花唾碧衫。歌咽水云凝静院，梦惊松雪落空岩。空花落尽酒倾缸，日上山融雪涨江。红焙浅瓯新火活，龙团小碾斗晴窗。

诗中字句顺读倒读皆成篇章且意同。

能有理论建树的亦不乏其人。

问题是，陆羽写了历史上第一部关于茶叶生产的历史、源流、现状、生产技术以及饮茶技艺、茶道原理的《茶经》，将普通茶事升格为一种美妙的文化艺能，推动了中国茶文化的发展。

即便陆羽的《茶经》与茶道无关，但把茶业、茶学与茶文化截然分开，似乎也有点牵强。

文化层为考古学术语，指古代遗址中由于古代人类活动而留下来的痕迹、遗物和有机物所形成的堆积层。在古人的一点陶瓷碎片都与文化密切相关时，想当然地以"茶文化"剥夺陆羽"茶圣"的头衔，大抵与时下的地方保护主义有关。

当然，假使要推出茶中的"亚圣"，与其说卢仝，不如说皎然。他写的《饮茶歌诮崔石使君》不仅比卢仝所谓的把饮茶上升到精神领域的《七碗茶》诗早30多年，对茶的精神作用更是描写得淋漓尽致，并且第一次提出了"茶道"的概念。尽管《七碗茶》作为七言古诗《走笔谢孟谏议寄新茶》中重要的

162

一部分，因写出了品饮新茶给人的美妙意境而广为传颂。

事实上，佛教对茶道发展的贡献不可小觑。僧尼们多以茶为修身静虑之侣，郑板桥所云之"从来名士能萍水，自古高僧爱斗茶"之对联狭隘了点。寺庙（包括女性修行者居住的尼姑庵）多有自己的茶园。"自古名寺出名茶。"诸如唐李肇《国史补》记载的福州方山寺"方山露芽"，四川蒙顶山寺"蒙顶石花"，安徽黄山松谷庵、吊桥庵和云谷寺的黄山毛峰等。僧尼对茶的嗜好客观上推动了茶叶生产的发展，从而为上升至精神层面提供了物质基础。

佛教对茶道发展的贡献主要有三个方面。

"写茶诗、吟茶词、作茶画，极大地丰富了茶文化的内容；为茶道提供了'梵我一如'的哲学思想及'戒、定、慧'三学的修习理念，深化了茶道的思想内涵，使茶道更有神韵，特别是'梵我一如'的世界观与道教'天人合一'的哲学思想相辅相成，形成了中国茶道美学对'物我玄会'境界的追求；佛门的茶事活动为茶道的表现形式提供了参考。"

公允地讲，诗僧皎然对陆羽的影响不应忽略，陆羽与他之间若没有友情，换言之得不到他的帮助，有可能很难顺利写出举世闻名的《茶经》。

中国茶叶按制作工艺抑或焙火程度可分为六大茶系：不发酵的绿茶，如龙井茶、碧螺春、湄潭翠芽……微发酵（发酵度为 10%～20%）的黄茶，如蒙顶黄芽、平阳黄汤、霍山黄大茶……轻度发酵（发酵度为 20%～30%）的白茶，如白毫银针、白牡丹、贡眉……半发酵的乌龙茶，如铁观音、大红袍、冻顶乌龙……全发酵（发酵度为 80%～90%）的红茶，如祁门红茶、日照红茶、云南红茶……后发酵（发酵度为 100%）的黑茶，如湖北老青茶、广西六堡茶、四川边茶……

"茶文化"是在饮茶活动过程中形成的文化特征，包括茶道、茶德、茶精神、茶联、茶书、茶具、茶画、茶学、茶故事、茶艺等，实在太博大精深了。

"茶道"是"茶文化"的一种，"功夫茶"是"茶道"中的一种；但我们

不能说茶叶是"茶文化"的一种。否则，"皮之不存，毛将焉附"？

作为衍生物的"茶文化"是必须的，但作为其基础的茶叶，对人体的保健作用才是最重要的——

兴奋作用 茶叶的咖啡因能兴奋中枢神经系统，帮助人们消除疲劳、提高工作效率。

利尿作用 茶叶中的咖啡因和茶碱具有利尿作用，用于治疗水肿、水滞留，利用红茶糖水的解毒、利尿作用能治疗急性黄疸型肝炎。

强心解痉作用 咖啡因具有强心、解痉、松弛平滑肌的功效，能消除支气管痉挛，促进血液循环，是止咳化痰，治疗支气管哮喘、心肌梗死的良好辅助药物。

抑制动脉硬化作用 茶叶中的茶多酚和维生素C都有活血化瘀、防止动脉硬化的作用，经常饮茶的人高血压和冠心病的发病率较低。

抗菌、抑菌作用 茶中的茶多酚和鞣酸作用于细菌，能凝固细菌的蛋白质，将细菌杀死；可用于治疗肠道疾病，如霍乱、伤寒、痢疾、肠炎等；皮肤生疮、溃烂流脓、外伤破了皮用浓茶冲洗患处有消炎杀菌作用。

减肥作用 茶中的咖啡因、肌醇、叶酸、泛酸和芳香类物质等多种化合物能调节脂肪代谢，特别是乌龙茶对蛋白质和脂肪有很好的分解作用，茶多酚和维生素C能降低胆固醇和血脂。

防龋齿作用 茶中含有氟，氟离子与牙齿的钙质有很大的亲和力，能变成一种较为难溶于酸的"氟磷灰石"，就像给牙齿加上一个保护层，提高牙齿防酸抗龋能力。

抑制癌细胞作用 茶叶中的黄酮类物质有不同程度的体外抗癌作用，较强的有牡荆碱、桑色素和儿茶素。

唯如斯，茶叶才称得上是中国"对人类做出的第五个重大贡献"，李约瑟身为英国近代生物化学家和科学技术史专家，可谓名不虚传。

就此而言，陆羽功在唐代，利在千秋！

西湖『龙井茶』历史悠久，其『名于宋，闻于元，扬于明，盛于清』。在这一千多年的历史演变中，『龙井茶』有幸从无名到有名，从汉民族的名茶到走向世界的名品，展现了它的辉煌，又不幸从老百姓饭后的家常饮品到帝王将相的『贡品』，成为权贵者的『特供』。

与"龙井茶"

宋人范成大《吴郡志》有云："上有天堂，下有苏杭。"这在中国各地的风土谣谚中是流传最广的。

"苏杭"受到如此推崇，盖在白居易《和微之诗二十三首·和三月三十日四十韵》中所称颂的"杭土丽且康，苏民富而庶"。这两句诗以互文辞格表明两地共有的"现实"特征："丽"与"富"。他还在著名的《忆江南》词三首之二与三中描绘杭州的胜景"山寺月中寻桂子，郡亭枕上看潮头"，苏州的乐事"吴酒一杯春竹叶，吴娃双舞醉芙蓉"。

"苏杭"实在当"杭苏"。

"想念江南，最想念的就是杭州。月下在山中寺里寻找桂子观赏，躺在杭州郡衙亭里看潮。什么时候能再游玩一次呢？"

"想念江南，第三想念吴王宫殿。饮下一杯吴酒，看成对起舞的吴国美女，就像醉酒的芙蓉一般美艳。迟早我还会再次遇见。"

一个"最"字，多少情意在其间？

其实，香山居士应该知道，杭州的

"龙井茶"与苏州的"碧螺春",委实系"天堂"里两颗明珠。

"龙井茶"是汉族传统名茶,著名绿茶之一,位列中国十大名茶之首。

绿茶是中国的主要茶类之一,是"采取茶树新叶或芽,未经发酵,经杀青或者整形、烘干等典型工艺制作而成的产品。其制成品的色泽、冲泡后的茶汤均较多地保存了鲜茶叶的绿色主调。常饮绿茶能防癌、降血脂和减肥,吸烟者可减轻尼古丁伤害"。

中国生产绿茶的范围极为广泛,河南、贵州、江西、安徽、浙江、江苏、四川、陕西(陕南)、湖南、湖北、广西、福建等。为何"龙井茶"能"昂昂然若野鹤之在鸡群"?

历史上留下了一个有关"龙井"和"十八棵御茶"的美丽传说。

"很久很久以前,西王母三月三诞辰日在天庭举办蟠桃会,赶来祝贺的众仙摩肩接踵,地仙不慎将一只茶杯碰落人世。只是'天上方一日,人间已千载',待地仙化身和尚一个筋斗云降落凡尘,似已'踏破铁鞋无觅处'。他辗转来到杭州,看见有座形如狮子的山,山间竹林旁有座茅草房,门口坐着一位老妪。地仙上前施礼问路,老妪答道:'这儿是晖落坞。'见地仙不明,又解释说:'听先人说,有天晚上,天上忽隆隆地落下万道金光,从此就叫晖落坞了。'地仙窃喜之余赶紧东张西望,发现屋旁有口堆满垃圾的旧石臼,里面长满了苍翠碧绿的草儿,一只蜘蛛精在埋头偷吸仙茗。忙说:'施主,我用一条金丝带换你这旧石臼行吗?'老妪说:'反正我留着也没用,你拿去吧!'不料,地仙去找马鞭草织绳子准备捆形如石臼的茶杯,以便携带之际,老妪心想,这石臼太脏,于是找来勺子,把垃圾都掏出,均匀地撒在房前长着18棵茶树的地里,还找块抹布来揩得干干净净。这下可惊动了蜘蛛精,蜘蛛精一施魔法,喀喇喇一声巨响,将石臼打入了地底深层。地仙见状无奈,只好空手而归。久而久之,打入地下的天宫茶杯成了一口井,有龙慕名前来吸仙茗，龙去后留下一口井水，后人唤作龙井。沧海桑田，历史变迁，原来老妪居住的茅屋改建成了老龙井寺，后又改名为胡公庙。庙前的18棵茶树经过仙露的滋润，长得越来越茂盛，品质超群。

"乾隆下江南时，微服来到杭州龙井村狮峰山麓。胡公庙老和尚陪着乾隆游山观景时，皇上兴致勃勃地从庙前18棵茶树上采摘起新芽来。刚采了一会儿，太监来报：'太后有疾，请皇上速速回京。'乾隆一听心里着急，随手将茶芽往袋内一放，日夜兼程返回宫中向太后请安。其实，太后并无大碍，只是一时肝火上升，双眼红肿，胃中不适。见皇儿到来，心情好转，又觉一股清香扑面而至，忙问缘由。乾隆皇帝随手一摸兜子，原来是在杭州龙井村胡公庙前带来的那一把茶叶，几天后虽干枯，却仍发出阵阵浓郁香气。宫女遂

将茶泡好奉上。太后饮后满口生津，回味甘醇，神清气爽。数杯之后，竟然眼肿消散，肠胃舒适。太后乐了，称杭州龙井茶为灵丹妙药。乾隆皇帝见太后这么高兴，忙传旨将杭州龙井狮峰山下胡公庙前自己亲手采摘过茶叶的18棵茶树封为御茶，每年专门采制，进贡太后。龙井茶的名气因此越来越大了。"

西湖龙井茶历史悠久，唐朝茶圣陆羽所撰写的世界上第一

部茶叶专著《茶经》中，就有杭州天竺、灵隐两寺产茶的记载。其"名于宋，闻于元，扬于明，盛于清"。

然而，在这1000多年的历史演变中，"龙井茶"有幸从无名到有名，从汉民族的名茶到走向世界的名品，展现了它的辉煌，又不幸从老百姓饭后的家常饮品到帝王将相的"贡品"，成为极权者的"特供"。

不知龙井传说中的众仙之"特供"蟠桃，是否含沙射影了"龙井茶"的归宿？

"贡品"文化是集物质和非物质文化于一体的中国特有的文化遗产。《禹贡·疏》有载："贡者，从下献上之称，谓以所出之谷，市其土地所生异物，献其所有，谓之厥贡。"可见，贡赋之物多为全国各地或品质优秀、或稀缺珍罕、或享有盛誉、或寓意吉祥的极品和精华。

"贡品"作为一种"特供"皇宫贵族的物品，以清朝最盛，缘起云贵总督鄂尔泰上贡之事。

雍正十年（1732），云贵总督鄂尔泰在云南设茶叶局，统管云南茶叶贸易，选上乘普洱加印盖鄂尔泰私人印鉴进贡朝廷，次级茶叶方可民间交易流通。是年，鄂尔泰普洱贡茶正式列入《贡册案》。此举深得雍正欢喜，他同年受召入京，升为保和殿大学士，居内阁首辅之位。各省官员因此纷纷效仿，在辖区找寻特产极品"特供"朝廷享用，期望博得龙颜大悦，入京升官发财。

其实，与时俱进地看，"特供"正在"异化"。

清朝灭亡，民国之初各地割据军阀继承之，新中国山西汾酒、贵州茅台、四川宜宾五粮液等纷纷成为国宴用酒，加入"特供"行列。在污染日臻严重之当下，"特供"为特别阶级或曰领导高层供应的某些天然绿色包括人造的产品，诸如极品茶、蜜、酒、瓜、果、米、蔬之类，更导致了中国现代食品安全不受上级关注之怪圈。

▲ 清·丁观鹏《品茶图》

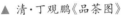

　　"龙井茶"成了少数人的特权是一种制度悲哀，但另一方面也确实说明了龙井号称"绿茶皇后"实至名归。

　　俗话说："龙井的茶叶，虎跑的水。"用虎跑泉水泡"龙井茶"，色绿香郁，味甘形美，此二者谓之"杭州双绝"。

　　虎跑泉是怎样来的呢？

　　相传"唐元和十四年（819）高僧寰中来此，喜欢这里的风景灵秀，便住了下来。后来，因为附近没有水源，他准备迁往别处。一夜，忽然梦见神人告诉他说：'南岳有一童子泉，当遣二虎将其搬到这里来。'第二天，他果然看见二虎跑（刨）地作地穴，清澈的泉水随即涌出，故名为'虎跑泉'"。

　　虎跑地处群山之低处，地下水随岩层向虎跑渗出，由于水量充足，所以虎跑泉大旱不涸。虎跑泉水表面张力很大，如用杯子将水放满，即便再将钱币一个一个地放入杯中，泉水渐渐高出杯面3毫米，亦不溢出，饮后对人体有保健作用。

　　此外，龙井茶与虾仁相配，还会成为"浙江双绝"。

　　龙井虾仁，是富有浙江杭州地方特色的汉族名菜：虾仁玉白而鲜嫩，芽叶碧绿而清香，相合后色泽雅丽而滋味独特，食罢清口开胃，回味无穷。

　　唐人顾况《茶赋》有语：茶乃"滋饭蔬之精素，攻肉食之膻腻"。大意是：茶叶使素食的养分得以吸收，使荤食的油味得以解除。茶叶入馔有两个

大致相近的故事传说流行，乾隆又是主角。

"乾隆皇帝下江南时，正好是清明节。他游览了西湖龙井，茶农将新茶进献给他，他带回行宫，御厨在炒'玉白虾仁'时放进茶叶，烧出了这道名菜。"

"乾隆清明游玩西湖顺道龙井茶乡时，天大雨，就进入一村姑家。村姑好客，用山泉沏了一杯新采'龙井茶'招待。乾隆喝后感觉香馥味醇，喜出望外，想带一点回去慢慢品尝，便趁村姑不注意，悄悄抓了一把藏在便服内的龙袍里。雨过天晴，乾隆告别村姑继续游山玩水，日暮时分又饿又渴，便在西湖边一家小饭店入座。点完菜，忽然想起带来的龙井茶叶，于是撩起便服，边取茶叶，边叫店小二泡茶。店小二瞥见乾隆便服内龙袍，吓了一跳，赶紧面告掌勺的店主。店主正在炒虾仁，一听圣上驾到，心里一慌将小二拿进来的'龙井茶'误为葱花撒进了锅中。这盘茶叶清香扑鼻与虾仁鲜嫩晶莹的菜端到乾隆面前，他尝了一口，禁不住连声称赞。从此，'龙井虾仁'闻名于世。"

传说的传奇色彩与历史的科学本真相互渗透，颇有些"海日生残夜，江春入旧年"的况味，让"文史不分家"之持论者多出一点不必要的尴尬。

时下，"龙井虾仁"这道名菜，杭州楼外楼菜馆自称招牌菜，天外天菜馆自谓该菜的发源地。

从政之客与经商之人之所作所为，有时惊人的相似。

新华网浙江频道曾有消息："2006年6月10日，第一个中国非物质文化遗产日，国务院公布了我国第一批非物质文化遗产名录，'西施传说'榜上有名。这意味着多年来关于西施故里究竟是诸暨还是萧山的争议尘埃落定。国务院的认定无疑为这位绝代美人颁发了出生证。西施故里'诸暨说'和'萧山说'的对垒，终于以'诸暨说'大获全胜而告终。一位诸暨人欣喜地说：'西施出生地在诸暨，这已经是不争的事实！'然而，'不争'之后又起纷争。同年10月28日，萧山举行'临浦与西施'学术研讨会，萧山人仍坚持对美人的'所有权'：坚持西施的出生地在萧山，萧山也将逐级申报'西施文化'非物质文化遗产。"

想到当年到处被驱逐而流亡的马克思的归属权，其从"一个幽灵，共产主义的幽灵"蜕变为具有旅游价值的"资源"，同样被法国与德国争夺其国籍或出生地"冠名权"，不禁哑然失笑。

"有钱能使鬼推磨"而世事酷似"一盘棋"，文化或政治领域可见一斑。

文化与政治一旦上升至科学规律，理论上属人类的共同财富，应该是超越民族和国界的，此系"非物质文化遗产"的"申遗"真谛！

由于余干臣，祁门有了香高味醇、乌润紧秀的红茶，在国际市场上具有很高的知名度，与印度的大吉岭红茶、斯里兰卡的锡兰红茶齐名，并称世界三大高香红茶。"祁门红茶"属红茶极品，享誉海外，为英国女王和王室其他成员的至爱饮品。

 与"祁门红茶"

安徽祁门产茶有百余年历史，但最早似可追溯到唐朝，陆羽《茶经》曾有"湖州上，常州次，歙州下"的记载，当时的祁门就隶属歙州。

"祁门原为歙州黟县和饶州浮梁二县地。唐永泰元年（765），方清起义，据黟县赤山镇设阊门县。永泰二年（766）划黟县赤山镇和浮梁县一部设置祁门县，合县城东北祁山、西南阊门而得名。"北宋《太平寰宇记》对祈（"祈"通"祁"）门县进行了描述。建县后属歙州。

只是，清朝光绪以前，祁门只产绿茶。

光绪元年（1875），安徽黟县人余干臣在福建罢官回原籍经商，因见了红茶畅销多利，便仿"闽红茶"制法试制"祁门红茶"，并在至德县尧渡街设立红茶庄。

余干臣的所为系偶然，但偶然中有必然。

19世纪60至70年代，西方列强垂涎中国，明治维新后的日本在"开疆拓土"之际也把目光对准了战略地位显要的台湾。同治十三年（1874）五月，日本侵略了台湾，清廷派封疆大吏林则徐之婿沈葆桢前往驱逐谈判，余干臣被安排同行。恰在此时，余干臣收到安徽老家来信得知母亲去世。按清廷规

定这就必须丁忧回乡守孝。丁忧乃中国封建社会传统的道德礼仪制度。根据儒家传统的孝道观念，朝廷官员在位期间，如若父母去世，则无论此人何官何职，从得知丧事的那一天起，必须辞官回到祖籍，为父母守制27个月。但爱国的余干臣认为，忠孝不能两全，遂忍痛随军去了台湾。经过一番外交斗争后，清政府与日本于10月31日签订《北京专条》，付给"日本国从前被害难民之家"抚恤银10万两和日军在台"修道建房等"40万两。12月20日，日军从台湾全部撤走，他返回福建，不料遭嫉妒的同仁举报"母亡而隐瞒不报丁忧"而被革职，黯然踏上了回乡之路。

事实上，上帝在关闭了余干臣从政之门的同时，为他开启了一扇经商之门。

余干臣赴台前原是福州府九品的府税课司大使，虽为芝麻绿豆官，可在实施《南京条约》重要条款之一的"五口通商"的福州，这却是个位卑权高的肥缺或曰美差。那时，福州堪称全国最大的茶叶出口口岸。他与以红茶经营为主的公义堂等行帮会会首义结金兰，经常前往福建红茶产地了解红茶生产流程，深知红茶畅销而利厚。于是乎，告别政坛而进入商家遂显得十分顺理成章了。

尧渡街是皖南第一街，其名因尧舜二帝由此过渡之传说而得名。老街的路是长条形光洁的石板；老街的屋是清一色的粉墙黛瓦点缀着碧绿的青苔，老街的格局是屋连着屋而屋对着屋。老街傍河，古时尧渡河直通长江，横跨河上的击壤桥下设有商埠码头，临水的每家每户后墙下均有停靠的埠头与系船的船桩。清末民初，发展后的尧渡街上至河路村下至击壤桥，分上中下街，长约1.5公里，开有300多家店铺，建有1000多幢房屋，且大多是马头墙、鱼悬梁，前开店后住房，一进几深带天井的徽派建筑。其中有钱庄、茶号、商行、布匠店、杂货店、中药店、糕饼店、豆腐店、裁缝店、铁匠店、木匠店、纸扎店、饭店、旅馆等，著名的有林、张、朱、汪、陈、胡、钱、黄"八大家"老字号店铺。作为一个物流集散地，尧渡街给余干臣经营"祁

门红茶"创造了"生意兴隆通四海，财源茂盛达三江"的外部条件，尽管这不能与"五口通商"的福州口岸相提并论，说见微知著当颇客观。

由于余干臣，祁门有了香高味醇、乌润紧秀的红茶，在国际市场上具有很高的知名度。祁门红茶与印度的大吉岭红茶、斯里兰卡的锡兰红茶齐名，并称世界三大高香红茶。

"祁门红茶"属红茶极品，享誉海外，为英国女王和王室其他成员的至爱饮品。

其实，英国亦有自己的红茶品牌：立顿。

令人奇怪的是，英国是个不种茶的国家，却产生了一个世界著名茶叶品牌。现在立顿茶叶公司隶属世界100强以内的跨国公司联合利华，其茶叶年销量达到全球茶叶年贸易量四分之一，年产值约230亿人民币，相当于我国茶叶总产值的三分之二。

一个"立顿"竟然能与中国这个茶叶诞生国的上千种茶叶相抗衡，原因何在？

有人说，立顿是锡兰红茶的"影子"。1850年出生于英格兰拉斯哥的一个贫穷家庭的汤姆斯·立顿有一次去盛产红茶的锡兰（现在称斯里兰卡）旅游，目睹当时由于价格昂贵只有上流社会才能享用到的锡兰红茶的生产流

程，感到把这种高质量的红茶引入大众的日常生活一定是一门红火的生意。于是，1890年他在英国推出了以自己名字命名的"立顿红茶"，两年后又推向全世界，广告词为："从茶园直接进入茶壶的好茶。"

还有一个与"祁门红茶"有关的故事——

祁门历口吴志忠老汉一天从高山上采摘近百斤的生叶，不幸全被捂红了。抱着"死马当活马医"的侥幸心理，他按绿茶的制法做出来后，发现茶叶全是乌色的，把茶叶带到茶庄去碰运气，都吃了闭门羹，但他舍不得倒掉，就留下来自家喝。时值鸦片战争后期，许多英国人纷纷到中国各地来"掘金"。一个英国传教士偶然喝了吴老汉家的"乌龙"顿觉异香扑鼻，一看茶叶色乌条细喜不自禁，预感这是个发财的好机会，高价将所有茶叶买下，临走时他还特地叮嘱："你的乌龙，从明天起我全包了。"就这样，"祁门红茶"的前身传到英国，包括吴志忠整套"无心插柳柳成荫"般的技术。

这是民间传说而已，但1898年汤姆斯·立顿因"立顿红茶"被英国女王授予爵位而获得"世界红茶之王"的美称却是事实。

长篇小说《悲情徽商余干臣》讲述了余干臣少年中举、福建为官、征战台湾、创制"祁门红茶"、九华山出家的悲情一生，涉及同时代的众多政商名人，如沈葆桢、李鸿章、左宗棠、胡雪岩、赛金花。从整个思路或曰脉络来看，很难说是历史小说，而是普通文学虚构的小说。不过，余干臣移植"闽红茶"于"祁门红茶"一事当可采信。

"祁门红茶"含有丰富的核黄素、叶酸、胡萝卜素、生育酚及叶绿醌，并且是食品中氟化物的重要源泉。它拥有多项药理作用，除能提神消疲、生津清热、消炎杀菌、利尿、解毒、养胃之外，还具有防龋、延缓老化、降血糖、降血压、降血脂、抗癌、抗辐射、减肥等功效。

1982年，邓小平接待英国首相撒切尔夫人访华时，用的是"祁门红茶"，说巧合、说刻意之缘故，讲历史寓意、讲传统口味之原因，悉听各位看官尊便！

第五章 杂荟

杂荟

胜友高朋杂荟见长

满汉全席 满汉全席 酒仪 高汤

高汤

筷子 酒仪 筷子

高汤

满汉全席

酒仪

酒仪

高汤

筷子

清朝自定鼎北京后，认识到孔子学说对于巩固政权的作用就像『粮店』，尽管中国古代有强盛的唐宋时期并不太尊孔的先例。史载，乾隆每到山东必往曲阜孔庙祭礼，必下榻孔府。而孔府接待圣上自然以吃喝为头等要事，其中『满汉全席』是必做功课。

与 "满汉全席"

以民族命意的 "满汉全席" 系清朝宫廷盛宴。顾名思义，其乃清代宫廷中举办宴会时满人和汉人合做的一种全席。

据说，满汉全席始于被尊为三朝阁老、九省疆臣、一代文宗的阮元。

阮元（1764—1849），字伯元，号芸台、雷塘庵主，晚号怡性老人，江苏仪征人，乾隆五十四年（1789）进士，先后任礼部、兵部、户部、工部侍郎，山东与浙江学政，浙江、江西、河南巡抚及漕运总督、湖广总督、两广总督、云贵总督等职。历乾隆、嘉庆、道光三朝，官至体仁阁大学士、太傅，谥号文达。他是著作家、刊刻家、思想家，在经史、数学、天算、舆地、编纂、金石、校勘等方面都有着非常高的造诣。

阮元少年得志，进翰林院不到4年便遇上了由乾隆亲自命题的 "翰詹大试"。题目仅 "眼镜" 二字，限押 "他" 韵。我国古代明朝以前无眼镜，学子与年长者苦于近视、老花或散光无法读写，唐大诗人杜甫亦然，晚年老眼昏花，常叹视物如雾中观花。最早论及眼镜的记载为明万历年间（1573—1620），田艺蘅《留青日札》。那时的眼镜中间用绫绢联结，缚于脑后，叫 "叆叇"。清人赵翼《陔余丛考》说广东人将来自外洋的玻璃眼镜改用水晶制

作。西方的配镜技术1840年鸦片战争以后才传入中国，清末英国人约翰·高德最早在上海开设了高德洋行，专营机磨检光眼镜。

尽管时值清代中叶，乾隆年间（1736—1795）眼镜对于易于接受新事物的年轻人并不稀罕，但这个诗题对"代圣人立言"而泥古不化的老夫子仍然有点陌生。更何况"他"字又是险韵，难上加难。相较之下，阮元诗作显得"鹤立鸡群"，乾隆对其中"四目何须此，重瞳不用他"一联大为赞赏。因为乾隆是年虽逾八旬，但仍耳聪目明，不戴眼镜。阮元用"四目"（"两双眼睛"或"能观察四方的眼睛"，见《周礼·夏官·方相氏》与《书·舜典》）、"重瞳"（中国史书上记载有"重瞳"的只有八个人：仓颉、虞舜、重耳、项羽、吕光、高洋、鱼俱罗、李煜）的典故来恭维他，意为乾隆可比尧舜，察人看事非常清楚，无须借助眼镜。因此，乾隆高兴之余大笔一挥将他勾了一甲一名。阮元遂由编修升为"詹事府少詹"（正四品官），越明年便外放为"山东学政"（正三品）。

乾隆五十八年（1793）阮元提督山东学政后，曾数游济南名泉，留下不少赞泉诗，写有《小沧浪笔谈》，杂记济南掌故风物等；广交山东及寓鲁金石学家，遍访山东金石文物，在巡抚毕沅主持下，撰成《山左金石志》24卷，对山东乾嘉之际金石学的兴盛贡献颇巨。

学政为古代学官名，提督学政，主管一省教育科举，简称学政，俗称学台，与按察使属同级别，是由朝廷委派到各省主持院试，并督察各地学官的官员。人称"礼贤下士著述等身"的灵岩山人见才华横溢的阮元29岁断弦未娶，便为其牵线作伐。毕巡抚保媒的女家乃山东曲阜孔子的73代孙女孔璐华。

有些"四体不勤，五谷不分"的孔子对待祭祀十分讲究，"食不厌精，脍不厌细"。远离"累累若丧家之狗"之后，饮馔登峰造极，一套"孔府菜"大筵席可达136样，并定期朝贡。幼娴诗礼且工绘事的孔璐华下嫁阮元，陪嫁过来的还有4个深谙孔府烹饪奥秘的厨师。这些名厨为阮元后来仕途的一帆风顺立下了汗马功劳。

乾隆六十年（1795）阮元离任山东学政后历任重臣而俸禄充裕，于是重用着一大批清客幕僚。这些所蓄之客除了帮助阮元翻故纸、究仓籀、勒金石外，亦有佳肴小乐。内有孔府名厨主厨，外有文人雅士品味，于是阮元在饮馔上就不断花样翻新。他在两广总督任内"胜友如云"或曰"高朋满座"，为能兼顾满汉美食饕餮的饮食习惯，刻意创制了"满汉全席"。

清朝是一个汉化与尊孔的朝代。少数民族入主中原的结果不外汉化，蒙古族如此，满族当然不例外。满人以一个小民族来统治汉族这样一个地大而人多的民族，他们深知仅有实施高压的硬手段是远远不够的，比如屠城、文字狱等治标不治本，还需要联络感情的软手段，比如任用汉人、举办"千叟宴"、尊重汉文化。其中尊重汉文化就是尊孔。

清朝自定鼎北京后，认识到孔子学说对于巩固政权的作用就像"粮店"，尽管中国古代有强盛的唐宋时期并不太尊孔的先例。史载，乾隆每到山东必往曲阜孔庙祭礼，必下榻孔府。而孔府接待圣上自然以吃喝为头等要事，其中"满汉全席"是必做功课。

孔府宴席等级很多，招待皇帝这种国宴规格的"满汉全席"冷荤热肴196品（基本的有108道，南北菜各54款），点心茶食124品，计肴馔320品，分

三天吃完。

其博采燕菜与鲍鱼、海参、鱼翅等高级宴席之精华，囊括点心中油、烫、酥、仔、生、发等6种面性，施展立、飘、剖、片等20余种刀法，汇聚蒸、炒、烧、炖、烤、煮等烹饪技巧，辅助以冷碟中桥形、扇面、梭子背、一顺风、一匹瓦、城墙垛等10余种镶法，衬垫以规格齐全、形状各异的碗、盏、盘、碟等餐具，可谓集烹饪技艺之大成。

"满汉全席"由孔府家宴走向皇家宫廷后，有了6种不同形式——

招待与皇室联姻亲族的"蒙古亲藩宴"；皇帝亲点大学士、九卿中有功勋者参加的"廷臣宴"；庆贺帝王寿诞的"万寿宴"；"恩隆礼洽，为万古未有之举"的"千叟宴"；"御宴招待使臣"的"九白宴"；"按固定的年节时令而设"的"节令宴"。

满清入关以前宫廷宴席非常简单。皇太极时期用中华地方文献撰写的官修史书《满文老档》记载："贝勒们设宴时，尚不设桌案，都席地而坐。"菜肴一般是火锅配以炖肉，诸如猪肉、牛羊肉、兽肉之类。

光绪二十年（1894）十月十日慈禧六十大寿，于光绪十八年（1892）就颁布上谕，寿日前月余，筵宴既已开始。仅事前江西烧造的绘有"万寿无疆"字样和"吉祥喜庆"图案的各种釉彩碗、碟、盘等瓷器，就达29700余件。整个庆典耗费白银近1000万两，在中国历史上是空前的。

其实，饮食文化在某种意义上是一种体制的折射，既可见妥协或"让步政策"之影子，又能窥王朝周期律之日子。

环球网有一则题为"浙江夫妻花12年做'满汉全席'，花费2000余万"的消息说："来自金华的玉雕师张述章、张玉春夫妇带着'精心烹制'的100多道'菜'首次亮相，它们全部是用五彩斑斓的金华黄蜡石雕刻而成的，在杭州良渚玉文化园参加中国'天工奖'选拔赛，一举夺得最佳工艺奖。"

"满汉全席"的"'石'上谈兵"在一个艺术门外汉看来是什么？

套用时下一句热门话："你懂的！"

传统的中国菜均用一种辅助原料调味，那就是「高汤」，在烹调过程中代替水加入到菜肴或汤羹中来提鲜，使味道更浓郁。「厨师的汤，唱戏的腔」，这一类比在于表明「高汤」在菜品特色中的重要作用。「谭家汤」秘诀在于谭宗浚立下规矩，一定要「分项吊制」。

 与"高汤"

谭宗浚（1846—1888），原名懋安，字叔裕，南海人。由于出生于书香门第，受大学士、教育家父亲谭莹影响，儿时就解韵学，出语不凡，8岁作《人字柳赋》，时人争相传诵。他崇拜宋代三苏，勤苦自励，孜孜不倦，思欲成器。咸丰十一年（1861）16岁中举，同年赴京会试，未能及第。归而面壁而影印入书，"十年"四书五经，"寒窗"经史子集，强攻《通考》，同治十三年（1874）29岁再度会试，殿试以一甲第二名列陆润庠之后。

谭宗浚被称为清末岭南著名诗人、学者、收藏家、书法家、美食家，头衔颇多。

他好诗赋，工诗文，熟于掌故，诗话中评价："叔裕才学淹博，名满都下，自编其诗为八集。大抵少作以华赡胜，壮岁以苍秀胜，入滇以后诸诗虽不免迁谪之感，而警练盘硬，气韵益古。"

他好著述，除有《荔村草堂诗钞》《荔村草堂诗续钞》《芳洁斋赋草》《希古堂诗文集》《止庵笔语》《荔村随笔》，还有《大清国史艺文志》《辽史纪事本末诸论》《辽史纪事本末》及其督学四川时所编诸生诗文《蜀秀集》。

他好收藏，宦囊尽以购书，多时竟达12万卷，并亲自为藏书编目。自

谓："今世中朝大官多不喜聚书。聚书者，独余与二三朋好耳！而余又以能文章负声誉，为大官所龃龉，俾不得潜心载籍。吾之负书耶？书之负吾耶？"

他好书法，笔法有宋明诸多大家的特点：字体圆润浑厚、华贵古雅、飘逸流畅、大气超脱，运笔腕力劲健、法度严谨、气度宽宏、力透纸背；其大家风范尽显笔端。书画同源，曾有《希古堂文集》《画赋》评论岭南名家黎简民："简民落笔遒秀，刻意新警，既备幽恩，亦穷要领，白云满山，空僧入定，四无人声，但闻清磬。"

他好美食，创制了驰名中外的"谭家菜"，因其是"清同治十三年（1874）甲戌科陆润庠榜进士第二人"，又称"榜眼菜"。烹制方法以烧、烩、焖、蒸、扒、煎、烤、炖、煨为主，长于干货发制，精于高汤老火烹饪海八珍。作为中国最著名的官府菜，谭宗浚拥有"食界无口不夸谭"的美称。

望子成龙的谭莹长于骈文，谭宗浚对骈文也进行了深入思考而颇具理论创建："提倡沟通骈散，强调为文要有波澜意度，追求'根柢深厚''浸淫浓郁'的骈文风格，将'简质清刚'作为骈文的崇尚标准。"可能谭玉生没有料到儿子在美食上对后世的影响力竟然超过了诗学。尽管谭宗浚的骈文理论批评是考察清末岭南骈文理论发展的重要视角，但与"谭家菜"比起来，似乎算不得什么。

谭宗浚因殿试中一甲二名进士先入京师翰林院为官，居西四羊肉胡同，后督学四川，后又充任江南副考官。谈不上"居庙堂之高"的他为官之余酷爱珍馐美味，常呼朋唤友于家中雅集，且亲自定菜单、选食材、熬高汤……中国历史上由翰林理论与实践相结合创造的"菜"从此兴起。更为甚者，他还与儿子谭瑑青刻意于饮食文化的提升，以重金礼聘京师名厨，得其烹饪技艺，将家乡粤菜与第二故乡的京菜相结合而自成体系或曰"一家"，开发菜品近300种，以至成就了"谭家菜"。

▲ 清·倪耘《鲈鱼新笋图》

"谭家菜"原本属于家庭菜肴，换言之"官府菜"的延伸或曰"私房菜"，走出家门亲近大众那是清亡后的事了。民国后，谭家衰败而坐吃山空，后裔便私下揽活承办他人家庭宴席，不料一炮打响，许多素不相识的食客慕名而来，以重金求其备宴。久而久之，社会上的馋嘴饕餮为了强调"食界无口不夸谭（谭家菜）"，居然以"戏界无腔不学谭（谭鑫培）"来将京剧界鼻祖明作类比项而暗当陪衬物。

人们青睐"谭家菜"的原因很多——咸甜适口，南北皆宜；调料讲究原汁原味，制作讲究慢火细做、下料狠；质地软嫩、味道鲜美。而"原汁原味"是很重要的一点：烹制中很少用花椒一类的香料炝锅，也很少在菜做成后，再撒放胡椒粉一类的调料。讲究的是吃鸡就要品鸡味，吃鱼就要尝鱼鲜，绝不能用其他异味、怪味来干扰菜肴的本味。这与精于吃海鲜的温州人吃螃蟹从不用醋一个道理。过分调味，其实是对"官府菜"理解上的偏差。

传统的中国菜均用一种辅助原料调味，那就是"高汤"，在烹调过程中代替水加入到菜肴或汤羹中来提鲜，使味道更浓郁。其种类很多，诸如鸡高汤、猪高汤、牛高汤、鱼高汤、蔬菜高汤等。

"厨师的汤，唱戏的腔"，这一类比在于表明"高汤"在菜品特色中的重要作用。

"谭家菜"的核心精髓在于吊制"高汤"，确切地说，"谭家汤"秘诀在于谭宗浚立下规矩，一定要"分项吊制"——

即先用三年以上自己觅食的走地且皮紧、皮薄、皮下有黄油的老母鸡

（三黄鸡）与鸭子加水吊成浓汤，干贝、火腿则是分别加水入蒸箱蒸制后取汁。烹饪时再将这两种汁按比例兑入浓汤烧开，然后煨制原料。鸡鸭、火腿、干贝三种原料分别制汤是为了便于掌握汤的浓度。一旦汤汁不够浓香可以随时兑入火腿汁或者干贝汁，营养不会流失、浓汤不易变质。火腿、干贝都含盐，"大路货"般"一锅煮"盐分容易破坏整锅浓汤的营养价值，而且容易导致浓汤变质。

做"谭家菜"选用的都是高档食材，煨制时应选择质量高的"谭家汤"头汤或二汤，并根据原料特点在浓汤里兑入不同比例的火腿汁、干贝汁。比如，"扣三丝"入菜的原料是鱼肚、鱼唇、冬笋，此菜主要提鲜味，煨制时二汤中添加的干贝汁用量要多于火腿汁；比如，"黄焖鱼翅"对香味要求高，鱼翅蒸制后需要用头汤煨入味，添入的火腿汁用量要多于干贝汁。

通常意义上调味的讲究是指——

> **盐** 用豆油、菜籽油做菜，为减少蔬菜中维生素的损失，应炒过后放盐；花生油做菜，由于花生油很容易被黄曲霉菌污染，应先放盐炸锅以减少黄曲霉菌毒素；荤油做菜，先放一半盐以去除荤油中有机氯农药的残留量，再加另一半；做肉类菜肴，为使肉类炒得嫩，至八成熟时放盐。
>
> **醋** 在蔬菜下锅后就加一点醋，能减少蔬菜中维生素C的损失，增进钙、铁、磷等矿物成分的溶解，提高菜肴营养价值和人体的吸收率。
>
> **酱油** 高温久煮会破坏酱油的营养成分并失去鲜味，应在即将出锅之前才放。
>
> **糖** 制作糖醋等菜肴，应先放糖后加盐，以免食盐的"脱水"作用增进蛋白质凝固而难以将糖味吃透，从而造成外甜里淡，影响其口味。
>
> **酒** 烧制鱼、羊等荤菜，借料酒的蒸发能够除去腥气与膻味，因而加料酒的最佳时间应当是烹调过程中锅内温度最高的时候。

其实，"高汤"亦是"调味"，虽系广义，但层次更高！

《礼记·礼运》有道："未有火化，食草木之食，鸟兽之肉，饮其血，茹其毛，未有麻丝，衣其羽皮。"食事活动利用火而变生食为熟食远离茹毛饮血，方使人类与一般动物区别开来，成为万物之灵长。由食物加工而成的熟食制品种类繁多，应用最广泛的要数汤类。

古人解读远古烹饪，总要把汤羹摆在一个显著的位置，并以"调鼎"的方式来展示魅力。"调"是烹饪汤羹的手法，"鼎"是加工汤羹的炊具，二者合一，则可以产生特殊效应。东晋道学家葛洪《神仙传》曾记载："彭祖善养性，能调鼎，进雉羹于尧。"如果说这只是远古的传说，那么可参见明代科学家徐光启《农政全书》卷二八："《农桑通诀》曰：又一种泽蒜，可以香食。吴人调鼎，率多用此。"经过历史的培育，"调鼎"最终成为我国烹饪的代名词的同时，还有了另一衍生义，汉朝文帝博士韩婴《韩诗外传》卷七："伊尹，故有莘氏僮也，负鼎操俎调五味而立为相，其遇汤也。"竟然用"调鼎"比喻任宰相治理国家。

汤羹从肴馔进入文化领地，生成了一种与统治和施政有关的义项，是与其在饮食中的重要地位分不开的。

值得一提的是，用于提鲜的"高汤"一般不直接使用，与"汤羹"有所区别，但"同宗"。"谭家汤"在"谭家菜"烹饪过程中举足轻重的地位或作用，是饮食文化前生积淀注定今世的传承。

当然，"谭家菜"作为"官府菜"或曰"私房菜"之一，能在"孔府菜""东坡菜""云林菜""随园菜""段家菜"诸名菜中成为翘楚，实乃传承不忘创新之故。

光绪三十三年（1907），谭宗浚之子谭瑑青返京，自西四羊肉胡同搬至米市胡同，与三姨太赵荔凤沉迷膏粱，凭着"谭家菜"的味极醇美和

谭家的翰林地位，聚京师官僚饮馔，开中国餐饮界的私家会馆之先河。20世纪30年代京城报刊上报道谭家菜时说："掌灶的是如夫人和小姐，主人是浮沉宦海过来人。"这"如夫人"指的就是三姨太赵荔凤。赵荔凤广吸京师各派名厨之长，成为"谭家菜"之集大成者。

不禁想到了"故宫会所门"，原央视某名嘴发表微博称："故宫的建福宫已被某知名企业和管理方改造成了一个全球顶级富豪们独享的私人会所，现有500席会籍面向全球限量发售。"

时代不同了，可一字之差的"会馆"与"会所"性质基本相同。今日之"会所"曾几何时"藩镇割据"般遍布全国风景名胜处与民"争利"，当我们为"西湖景区高档会所转型"感到欣慰之际，是否会有一种穿越不同社会体制之"时间隧道"的"似曾相识"般的恍惚？

"食色，性也"本是中国古代先贤对人性的认知与尊重，没想到后人却不加思考地继承并发扬光大，真有点让当年谭府"谭家菜"之"会馆"躺在历史的故纸堆内亦中枪！

李政道说：「中华民族是个优秀的民族，中国人早在两汉时期便使用筷子，如此简单的两根东西，却高妙绝伦地运用了物理学上的杠杆原理。」小小的两根筷子，在浩瀚的中华文明中远远超出了食具甚或饮食文化的范畴，它与古代圣贤大禹还有一些渊源呢！

大禹与"筷子"

餐具是人类结束了茹毛饮血，能够使用火和人工取火，从生食进入熟食阶段才开始有的。在新石器时代早期的磁山、裴李岗文化出土的陶器中，属餐具的主要有碗、钵、盘、杯等，材质是泥和夹沙的红陶，此外还出土有骨质的餐勺，这些餐勺以兽骨为主要制作材料，常见的形状有匕形和勺形。那可谓是中国最早的餐具。

餐具材质与形制的发展演变，既是人类生产技术进步的结果，更是人类饮食方式趋向文明的标志。

中国封建社会的晚期，作为中国最著名的大型宴席"满汉全席"，对盛放食物的餐具非常讲究："多是材质、色泽及花边装饰一致而大小形制不同的套装餐具，它讲究餐具形状与菜点造型的相称，也讲求餐具与菜点色彩的协调。除了使用最多的瓷器餐具外，还有一些材料、形制和装饰都比较奇特的餐具。"

山东省的曲阜市保存了一套清末"满汉宴·银质点铜锡仿古象形水火餐具"：部分器皿被铸造成瓜果、蔬菜、鹿头、禽、鱼等形状，通过这些餐具的不同造型，食客可以知道其中盛放的是何种美味；部分大型盛菜的餐具分三

层：首先是盖，然后是碗或者盆，底下是个底托。在底托和碗之间有空隙灌注热水来用于保温；为了克服银质柔软、器物边沿易损的缺陷，大型餐具在边沿处及象形动物的主要部位都焊镶了铜边，以使器物更加牢固；部分餐具仿照3000多年前商代器皿，如鼎、壶、尊、爵、钟等形制制成，器身上刻有甲骨、钟鼎、篆书、隶书、行草等字体的吉祥词语；部分餐具在象形动物、植物的重要部位，以及把手、器钮等处，镶嵌有玉石、玛瑙、翡翠等宝石，不仅增添了餐具的美感，也提高了宴席的档次。这套餐具原存于孔府，是孔子嫡裔子孙、世袭衍圣公为迎接皇帝、钦差大臣及其他重大节庆活动时，摆设"满汉全席"宴而专门订做的，总数有404件，可以盛放100多道菜肴。

然而，从野蛮趋向文明，餐具中堪称"鼻祖"的"筷子"是功不可没的！

《孟子·告子上》有曰："心之官则思。"古人误以为"心"是思维器官，所以把思想的器官、感情等都当作"心"。俗话说"十指连心"。时下老年健身锻炼会左右手各持两到三个或铁质、或石质、或玉质的健身球，沿顺时针或逆时针方向有节奏地转动，不但能预防老年人手抖及指关节和腕关节僵直，还能通过刺激手掌穴位来调节中枢神经系统的功能，从而健脑益智。"筷子"的作用在某种程度上有些类似。

恩格斯在《劳动在从猿到人转变过程中的作用》一文中说："自然界为劳动提供材料，劳动把材料变为财富。但是劳动还远不止如此。它是整个人类生活的第一个基本条件，而且达到这样的程度，以致我们在某种意义上不得不说：劳动创造了人本身。" 劳动使人类直立行走，手脚分工，创造并使用工具；劳动锻炼了人的大脑，使人类更为智慧。

广义地看，在人的进食过程中，使用筷子就像操控工具，夹、挑、舀、撅食物将使得80多个关节与50条肌肉运动，并且与脑神经有关，可以训练大脑而使之灵活。科学研究证实，人的大脑皮层和手指相关联的神经所占面积最广泛，大拇指运动区相当于大腿运动区的10倍。

"筷子"是手指的延伸，在人类文明史上是一桩值得骄傲和推崇的科学发明，中国饮食文化里的餐具尽管种类繁多且不乏巧夺天工之作，但夸张点说没有一种能与"筷子"相提并论。诺贝尔物理学奖获得者李政道说："中华民族是个优秀的民族，中国人早在两汉时期便使用筷子，如此简单的两根东西，却高妙绝伦地运用了物理学上的杠杆原理。"

就雏形而言，"筷子"的历史也许能上推至"三皇五帝时代"。

大禹为中国用"筷子"的第一人。民间传说："大禹在治理水患时'三过家门而不入'，都在野外进餐。有时时间紧迫，等兽肉刚烧开锅就急欲进食，然后开拔赶路，但汤水沸滚无法下手，就折树枝夹肉或粉粢（米饭）食之，这就无意之间发明了'筷子'。"

"三皇五帝时代"又称"神话时代"，传说绝非正史，新石器时代末期进入到夏禹时代还没有文字，当时无法记录"筷子"的发明过程，但因熟食烫手而使用"筷子"的推测合乎人类生活发展的规律。

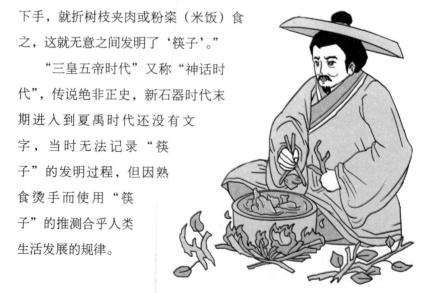

《礼记·曲礼》中有两个先于"筷子"的同义称呼"箸"与"梜"："饭黍毋以箸……羹之有菜者用梜，其无菜者不用梜。"东汉末年的经学大师郑玄注释道："梜，犹箸也。"《史记》谓"纣始为象箸"。这些都说明"箸"的称呼可能最早在商代出现。

　　因为"箸"和"住"谐音，有停住、不吉利的意思，为避讳，嗣后以"停住"的反义词"快"加个竹字头，就成了现在的名称"筷子"。对此，清人赵翼曾引用过明朝陆容《菽园杂记》："民间俗讳，各处有之，而吴中为甚。如舟行讳'住'，讳'翻'，以'箸'为'快儿'。"

　　其实，今人有文言功底者，用"箸"的语言现象仍然存在。比如朱自清《背影》："我北来后，他写了一信给我，信中说道：'我身体平安，惟膀子疼痛厉害，举箸提笔，诸多不便，大约大去之期不远矣。'我读到此处，在晶莹的泪光中，又看见那肥胖的、青布棉袍黑布马褂的背影。"这篇文章收入中小学语文课本，影响非常广。

　　20世纪70年代，在江苏高邮的龙虬庄发现一处距今7000至5000年间的典型的新石器时代遗址。在1993至1995年间共进行过4次挖掘，清理房址4处、灰坑35个、墓葬402座，出土了石器、玉器、陶器、骨角器等各类文化遗物2000余件，其中就有42件骨箸，这也是我国史前考古中首次关于"筷子"的相关的报道，表明那时高邮境内便有了人类饮食文明。

　　人类的历史，是进化的历史，随着饮食烹调方法改进，其饮食器具也相应跟进，"筷子"的出现，在饮食文化史上具有里程碑意义，成为中华文明的象征性符号。相较之下，西方人大概直到16世纪、17世纪才发明了刀叉。

　　虽然我们不能因此沾沾自喜于"刀叉无法跟筷子相媲美"，但中国民主教育家子民先生当年调侃西方记者的一番话委实不无道理："中国人从来是尚文明而不尚武力的，从餐桌上就可看出中国人和西方人的区别。"孔子反对在餐桌上用刀，刀使人联想到厨房及屠宰场，有违"君子远庖厨"的理念。而筷子外形直而不弯，被古人寓为人格美满。据五代王仁裕《开元天宝遗事》记载，唐玄宗曾把自己用过的一双金筷子赐给宰相宋璟，表彰他的耿直，以筷象征人格。

小小的两根筷子，在浩瀚的中华文明中远远超出了食具甚或饮食文化的范畴，难怪人们把它与完成国家建立、以阶级社会代替原始社会、以文明社会代替野蛮社会且推动了中国帝王历史沿革发展的大禹联系在一起！

▲ 清·姚文翰《紫光阁赐宴图》局部

一个人的餐饮礼仪不是天生具备的，也不是一朝一夕所能形成的，而是一个潜移默化、循序渐进的过程。

人们大多知道袁宏道反对『文必秦汉，诗必盛唐』的风气，提出『独抒性灵，不拘格套』的性灵说，未必知道其对餐饮礼仪颇具研究，有《觞政》一文传世。

袁宏道 与 "酒仪"

梁实秋《吃相》一文谈到，一位外国朋友告诉他，在中国西南某地旅游的时候，偶于餐馆进食，忽闻壁板砰砰作响，其声清脆，密集如连珠炮，向人打听才知道是邻座食客正在大啖糖醋排骨，顺嘴把骨头往旁边喷吐，你也吐，我也吐，所以把壁板打得叮叮当当响。子佳先生以为《礼记》中"毋啮骨"之诫，包括啃骨头这一不大雅观的举动在内。

《礼记》是中国古代一部重要的典章制度书籍，主要记载和论述先秦的礼制、礼仪，解释仪礼，记录孔子和弟子等的问答，记述修身做人的准则。

"毋啮骨"出自《曲礼》。

"曲"者，细小杂事；"礼"者，行为准则规范。合而言之，指具体细小的礼仪规范。《曲礼》是组成《礼记》的一部分，其中涉及有关餐桌（或餐饮）礼仪时讲了七段话：

▲ 袁宏道

◆ 凡进食之礼，左殽右胾，食居人之左，羹居人之右。脍炙处外，醯酱处内，葱渫处末，酒浆处右。以脯脩置者，左朐右末。客若降等，执食，兴，辞。主人兴，辞于客，然后客坐。主人延客祭：祭食，祭所先进，殽之序，遍祭之。三饭，主人延客食胾，然后辩殽。主人未辩，客不虚口。

◆ 侍食于长者，主人亲馈，则拜而食；主人不亲馈，则不拜而食。

◆ 共食不饱，共饭不泽手。毋抟饭，毋放饭，毋流歠，毋咤食，毋啮骨，毋反鱼肉，毋投与狗骨，毋固获，毋扬饭，饭黍毋以箸，毋嚃羹，毋絮羹，毋刺齿，毋歠醢。客絮羹，主人辞不能亨。客歠醢，主人辞以窭。濡肉齿决，干肉不齿决。毋嘬炙。

◆ 卒食，客自前跪，彻饭齐以授相者，主人兴，辞于客，然后客坐。

◆ 侍饮于长者，酒进则起，拜受于尊所；长者辞，少者反席而饮。长者举，未釂，少者不敢饮。长者赐，少者、贱者不敢辞。赐果于君前，其有核者怀其核。御食于君，君赐余，器之溉者不写，其余皆写。

◆ 馂余不祭。父不祭子，夫不祭妻。御同于长者，虽贰不辞，偶坐不辞。羹之有菜者用梜，其无菜者不用梜。

◆ 为天子削瓜者副之，巾以绪。为国君者华之，巾以绤。为大夫累之，士疐之，庶人龁之。

大致意思是：

◆ 凡陈设便餐，带骨的肉放在左边，切好的大块肉放在右边，饭食放在人的左手方，羹汤放在人的右手方。细切的肉和烤熟的肉放在盛殽胾的器皿之外，离人远些；醋和肉酱放在盛殽胾的器皿之内，离人近些。蒸葱放在醋和肉酱之左，酒和浆放在羹汤之右。如果还要摆设干肉，则弯曲的在左，挺直的在右。如果客人的身份较主人卑下，就应端着饭碗起立，说自己不敢当

此席位，这时主人就要起身劝说客人不要客气，然后客人才又落座。主人请客人和他一道祭食。祭饭食的方法是，主人先摆上哪一种食物就先祭哪一种。祭殽馔的方法是逐一祭之，祭个遍。吃过三口饭后，主人要请客人吃切好的大块肉，然后请客人遍尝各种殽馔。如果主人尚未吃完，客人不可漱口表示已经吃饱。

◆ 陪着长者吃饭，如果主人亲自布菜，要拜谢之后再吃；主人不亲自布菜，就不必拜谢，可以径自动手取食。

◆ 大伙儿共同吃饭，要注意谦让，不可只顾自己吃饱。大伙儿共同吃饭，要注意手的卫生。不要把饭搓成团，不要把多取的饭再放回食器，不要大口喝汤，以免满口汁液外流，不要吃得啧啧作响，不要啃骨头，以免弄出声响，不要把咬过的鱼肉再放回食器，不要把骨头扔给狗。不要争着抢着吃好吃的东西，不要为了贪快而扬去饭中的热气。吃黍米饭不要用筷子，羹汤中的菜要经过咀嚼，不可大口囫囵地吞下，不要当着主人的面调和羹汤。不要当众剔牙，不要喝肉酱。客人如果调和羹汤，主人就要道歉，说不会烹调。客人如果喝肉酱，主人就要道歉，说由于家贫以至于备办的食物不够吃。湿软的肉可以用齿咬断，干硬的肉不可以用齿咬断，就须用手擘而食之。吃烤肉不要一口吞一大块。

◆ 食毕，客人要从前面跪着收拾盛饭菜的食器并交给在旁服务的人，这时主人要连忙起身，说不敢劳动客人，然后客人再坐下。

◆ 陪伴长者饮酒，看见长者将给自己斟酒就要赶快起立，走到放酒樽的地方拜受。长者说不要如此客气，然后少者才回到自己的席位准备喝酒。长者尚未举杯饮尽，少者不敢饮。长者有所赐，做晚辈的、身份低下的不得辞让不受。国君当面赐食水果，有核的要把核藏在怀里，不可吐到地上。伺候国君吃饭，国君赐以剩余之食，这时就要看盛食之器是否可以洗涤。若是可

▲ 明·陈洪绶《饮中八仙图》局部

以洗涤的食器，则就原器取食，不必倒入另外的器皿；若是不可以洗涤的食器，就要统统倒入另外的器皿取食。这是怕弄脏了国君的食器。

◆ 吃剩余之食不须行祭食之礼。父亲吃儿子剩余之食，丈夫吃妻子剩余之食，都不祭。陪同长者参加宴会，如果主人厚待少者如同长者一样，少者不用说客气话。作为宴席上的陪客，也不用讲客气话。汤里如果有菜，就要用筷子来夹；如果没有，则不用筷子，只用汤匙。

◆ 为天子削瓜，先削去皮，再切成四瓣，拦腰横切一刀，然后用细葛布盖上。为国君削瓜，先削去皮，再一分为二，也拦腰横切一刀，然后用粗葛布盖上。为大夫削瓜，只要削去皮即可，不盖任何东西。士人只切掉瓜蒂，再横切一刀。庶人在切除瓜蒂之后就捧着整个瓜啃吃。

尽管繁文缛节了点，且不乏等级森严社会的影子，但餐饮作为人类生命延续之必需，不是简单的吃吃喝喝，"具体细小的礼仪规范"，既催生人类文明，又展示人类文明。

中华民族素有"礼仪之邦"的美称，可一个人的餐饮礼仪不是天生具备的，也不是一朝一夕所能形成的，而是一个潜移默化、循序渐进的过程。

袁宏道（1568—1610），字中郎，又字无学，号石公，又号六休。汉族，湖广公安（今属湖北公安）人。明朝万历二十年（1592）进士，历任吴县知县、礼部主事、吏部验封司主事、稽勋郎中、国子博士等职，与其兄袁宗道、弟袁中道并有才名，由于三袁是荆州公安人，其文学流派世称"公安派"或"公安体"，合称"公安三袁"。

世人认为袁中郎是三兄弟中成就最高者。人们大多知道他反对"文必秦汉，诗必盛唐"的风气，提出"独抒性灵，不拘格套"的性灵说，未必知道其对餐饮礼仪颇具研究，有《觞政》一文传世。

我国古代文人雅士饮酒十分讲究饮人、饮地、饮候、饮趣。

饮人——"酒逢知己千杯少""狂来轻世界，醉里得真知"……

饮地——"花间一壶酒""绿竹半含箨……隐过酒罅凉"……

饮候——"清明时节雨纷纷……借问酒家何处有""雪里题诗偏见赏，林间饮酒独令随"……

饮趣——"凭君满酌酒，听我醉中吟""饮酒任真性，挥笔肆狂言"……

更讲究饮禁——"真放肆不在饮酒高歌，假矜持偏于大听卖弄。看明世事透，自然不重功名；认得当下真，是以常寻乐地。"

漫无节制的狂饮与龃龉甚至反目成仇往往"如影相随"，而有违朋友者聚饮的初衷。为此，古人想到设立酒监、酒史，到明代一些重视人生享受的文士设计出一套规范，名曰"觞政"，即饮酒时的律令，其中最著名的是袁宏道的《觞政》。

石公酒量浅而嗜饮，每当听到买酒的声音就会不能自已，在同酒友通宵达旦饮酒之余，他不满于那些没有酒仪素养的酒徒的粗鲁言行，认为喜欢饮酒，而不守酒法、酒礼，应当受到长者的谴责。因而他萌生了选些古代典籍里简明实用的关于饮酒的礼仪法则，再加些新条目，编成一本书的念头。

"《觞政》一部，凡两千言，分吏、徒、容、宜、遇、候、战、祭、典刑、掌故、刑书、品第、杯勺、饮储、饮饰、欢具十六类，最后附一个酒评。一如国家政治军事处置办法。"其"序言"有曰：

> 余饮不能一蕉叶，每闻垆声，辄踊跃。遇酒客与留连，饮不竟夜不休。非久相狎者，不知余之无酒肠也。社中近饶饮徒，而觞容不习，大觉卤莽。夫提衡糟丘，而酒宪不修，是亦令长之责也。今采古科之简正者，附以新条，名曰《觞政》。凡为饮客者，各收一帙，亦醉乡之甲令也。

明人焦竑《玉堂丛语·纂修》有释："律令者，治天下之法也，令以教之于先，律以齐之于后。"在一个朝廷的律令充其量为人治君主的"留声机"的朝代，"饮酒时的律令"不啻游戏文字，但可以从中看出明代餐饮礼仪之饮酒艺术已达到很高水平，斯与明末士大夫追求生活的艺术化是分不开的。

《满井游记》是一篇文字清新的记游小品，历历如画的景物描写，透出京郊早春的芬芳气息，写出了作者对春回大地的惊喜，寓情于景，借景抒情，表达了旷达、乐观的人生态度以及对自由的向往。

每读袁氏这篇颇具哲理性的千古名文，总在想，"燕地寒，花朝节后，余寒犹厉"而"局促一室之内，欲出不得"，他可能厌恶于早茶晚酒的单调生活，尤其是饮酒之际之苦劝、恶谑、喷秽等不愉快的事，才会"天稍和，偕数友出东直，至满井"而"始知郊田之外，未始无春，而城居者未之知也"！

不过，有一种情况另当别论。

明代进士黄九烟《酒社刍言》有言：

> 饮酒者，乃学问之事，非饮食之事也。何也？我辈性生好学，作止

语默，无非学问，而其中最亲切而有益者，莫过于饮酒之顷。盖知己会聚，形骸礼法，一切都忘，惟有纵横往复，大可畅叙情怀。而钓诗扫愁之具生趣，复触发无穷……

语译过来是："喝酒，是与文友探讨学问时做的事情，不是吃饭时当饮料喝的东西。为什么呢？因为我们这些人天生喜欢钻研，不管是工作还是休息，也不管聊天还是沉思，都不会脱离自己的研究领域，总是把学问装在心里、挂在嘴边。其中，我们感觉最没有距离且让大家都能得到提升的探讨，没有比在喝酒的时候更好了。当三五个文友聚在一起的时候，总是不会拘泥于古代的礼仪，所有的条条框框都会忘得一干二净，就只剩下在学问的大海中纵横捭阖了。这个时候，我们就可以畅所欲言，顺便在酒席间作诗，让自己忘记不快乐的事情，即使喝醉了，朋友们东倒西歪的情形也会很有趣，我们相互取笑，快乐无穷……"

这番话没有具体的语言背景和环境，仅是就事论事，说明喝酒的时候探讨学问才是一件快事。

遗憾的是，即便是现代，如此境界者也可能会"踏破铁鞋无觅处"！

▲明·尤求《兰亭雅集图》局部

图书在版编目(CIP)数据

老祖宗说饮食 / 金新著. —杭州：浙江古籍出版社，
2016.7(2018.3重印)

ISBN 978-7-5540-0864-5

Ⅰ.①老… Ⅱ.①金… Ⅲ.①饮食–文化–中
国 Ⅳ.①TS971

中国版本图书馆CIP数据核字(2016)第165235号

老祖宗说饮食

金新 著

出版发行	浙江古籍出版社	

（杭州市体育场路347号 电话:0571-85068292）

网　　址	www.zjguji.com
责任编辑	陈临士　张顺洁
特约编辑	裘禾峰
责任校对	余　宏　吴颖胤
封面设计	刘　欣
老祖宗形象设计	李　阳
责任印务	楼浩凯
照　　排	杭州兴邦电子印务有限公司
印　　刷	杭州富阳美术印刷有限公司
开　　本	710mm×1000mm　1/16
印　　张	13
字　　数	190千字
版　　次	2016年8月第1版
印　　次	2018年3月第2次印刷
书　　号	ISBN 978-7-5540-0864-5
定　　价	25.00元